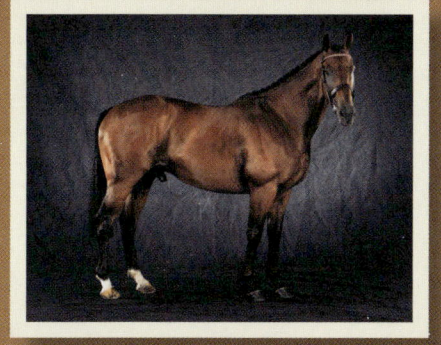

Liebe Amy,

alles Gute zur Schulein-
führung! Du wirst sicher
eine gute Schülerin!
In den Ferien wünsche ich
Dir weiterhin viel Freude am
Reiten und mit den Pferden!

Deine Oma Ute
Dresden, 6. Aug. 2016

SCHÖNE PFERDE

PORTRÄTS

ausgezeichneter

RASSEN

SCHÖNE PFERDE

PORTRÄTS
ausgezeichneter
RASSEN

von LIZ WRIGHT
fotografiert von ANDREW PERRIS

This book was conceived, designed and produced by

Ivy Press

210 High Street, Lewes, East Sussex, BN7 2NS, UK

Copyright für die deutsche Ausgabe
© LV·Buch im Landwirtschaftsverlag GmbH, Münster-Hiltrup, 2013

Fotos: **Andrew Perris**

    Außer: 51, 53, 79 Christiane Slawik

        Seite 55 Georg Frerich

        Seite 71 Gabriele Boiselle

Illustrationen: **David Anstey**

    Außer: Seite 50, 52, 54, 70, 78

    Klaus-Dieter Esser

Gestaltung: **Ginny Zeal**

Übersetzung: **Dorothea Raspe, Münster**

ISBN 978-3-7843-5257-2

INHALT

EINFÜHRUNG

PFERDE SPIELEN IN DER MENSCHLICHEN ZIVILISATION eine wesentliche Rolle und sind für uns seit Tausenden von Jahren unschätzbare Begleiter: vom Menschen in der Frühzeit, der das Pferd als Packtier nutzte, bis zum modernen Menschen, der es als Schlachtross ausbildete und sich auf seine Kraft als Arbeitstier verließ. Es ist unmöglich, die Bedeutung dieser Tiere in der Entwicklung der Menschheit zu überschätzen. Obwohl durch die Mechanisierung viele traditionelle Arbeitsbereiche nicht mehr von Pferden übernommen werden, spielen sie in einigen Bereichen noch immer eine wesentliche Rolle.

Über ihren zweckmäßigen Nutzen hinaus sind Pferde schon seit langer Zeit in Freizeit und Sport beliebt. Pferderennen werden schon seit Jahrtausenden veranstaltet und Disziplinen wie Springreiten, Vielseitigkeit und Dressur sind gut etabliert. Neue Sportarten wie Horseball entwickeln sich und gewinnen an Boden. Die Vielfalt der modernen Rassen bringt mit sich, dass für jede Disziplin das perfekte Pferd bereitsteht: vom winzigen Shetland-Pony – einer exzellenten Wahl für das schnelle Scurry Driving – bis zum Englischen Vollblut, dessen atemberaubende Schnellig-keit bei Rennen gefragt ist.

So verschieden die Pferderassen auch sein mögen, alle haben etwas gemeinsam: Sie sind wunderschön und haben außergewöhnlichen Qualitäten. Bei Zuchtschauen stehen die Schönheit und die einzigartigen Merkmale jeder Rasse im Mittelpunkt. Unser Fotograf hat eine solche Schau besucht, um die fantastischen Fotos in diesem Buch zu schießen. Sie zeigen das Temperament und die Eleganz jedes einzelnen Pferdes.

Zu den Fotos gesellen sich knappe Informationen zu den Merkmalen jeder Rasse. Überdies finden sich hier Details zu ihrer Entwicklung, ihrer Verwandtschaft mit anderen Rassen sowie zu Herkunft und Verbreitung.

Die Pferde in diesem Buch zeigen sich in vielfältigen Formen, Größen und Farben, aber eins ist sicher: Ihre Besitzer schätzen sie sehr. Die Verwendung der Pferde mag sich verändert haben, aber ihre Zukunft ist gesichert, da sich so viele für die wundervollen Tiere engagieren.

Die Beziehung zwischen Mensch und Pferd besteht seit Tausenden von Jahren und ist nach wie vor ausgezeichnet.

PFERDE IN DER ZIVILISATION

MENSCHEN HABEN EINE LANGE VERBINDUNG ZUM Pferd. Seit mindestens 4000 Jahren stellt uns das Tier seine Kraft und Geschwindigkeit zur Verfügung und dient als Symbol der Stärke. Der früheste Vorfahre des Pferdes, Eohippus, der vor ca. 55 Millionen Jahren lebte, war etwa so groß wie ein heutiger Hase, aber allmählich entwickelte sich das Pferd, wie wir es heute kennen.

Man geht davon aus, dass die heutigen Pferde und Ponys von drei verschiedenen Wildpferdarten abstammen. Höhlenmalereien von etwa 2500 v. Chr. helfen uns dabei zu verstehen, wie sie aussahen. Man unterscheidet das primitive Asiatische Wildpferd, den Steppentarpan (es hat – wie das Przewalski-Pferd – hauptsächlich in Gefangenschaft überlebt), den schwereren nordeuropäischen Wald-tarpan und den leichteren osteuropäischen Plateau-tarpan. Vermutlich wurden die ersten Pferde von Noma-den domestiziert, und zwar nicht zum Reiten, sondern zum Tragen von Lasten und als Fleischlieferant. In Meso-potamien findet man erste

Prähistorische Felsmalereien in den indischen Bhimbetka-Grotten zeigen Männer auf dem Pferderücken bei der Jagd.

Zeugnisse dafür: Abbildungen von Pferdewagen aus dem Jahre 2000 v. Chr. Die frühesten Pferdezüchter waren die Assyrer. Sie züchteten Pferde, die stark genug waren, Krieger in schweren Rüstungen zu tragen. So entstanden immer größere und kräftigere Pferde. Vor 2500 Jahren züchteten die Perser Pferde, die als Vorfahren der heutigen Araber gelten.

In der Folge wurden die Waldtarpane eingesetzt, um schwergewichtige Streitrösser zu züchten, beispielsweise bei den Goten, die vor etwa 1750 Jahren im heutigen Nord- und Osteuropa lebten. Zur Zeit des Römischen Reiches war die Verwendung von Pferden im Krieg, für den Sport und als Zugpferd ganz alltäglich geworden.

Durch die Jahrhunderte haben Pferde im Krieg ge-dient, ferner spielten sie eine entscheidende Rolle bei der Jagd, im Transportwesen und in der Landwirtschaft. Als Arbeitstier auf Bauernhöfen lag der Höhepunkt ihrer Beliebtheit zu Beginn des 19. Jahrhunderts, aber seit der Mechanisierung haben sie neue Nischen gefunden: als Sport- und Freizeitpferd für Jung und Alt.

ENTWICKLUNG DER RASSEN

Nachdem die Menschen einmal begonnen hatten, Pferde zu halten und sie im Kampf zu nutzen, entwickelten sich verschiedene Rassen. Eine Rasse ist im Grunde genommen die Antwort auf ein Bedürfnis: entweder das Bedürfnis des Pferdes, seine Umgebung so gut wie möglich zu nutzen, beispielsweise die widerstandsfähigen heimischen Ponys, oder der Menschen, das Pferd für ihre Bedürfnisse weiterzuentwickeln, zum Beispiel im Hinblick auf Stärke, Geschwindigkeit oder Eleganz. Und obwohl heute die meisten Rassestandards festgelegt sind, entwickeln sich die Rassen in dem Maße weiter, wie sich die Anforderungen an Sport- oder Freizeitpferde ändern.

Im späten 20. Jahrhundert stieg die Verwendung von „Warmblütern" – beeindruckenden Sportpferden, die aus Kreuzungen zwischen Kutschpferden und Englischem Vollblut entstanden waren und Athletik, Beherztheit und Stehvermögen an den Tag legen. Etwa gleichzeitig wurde das Stutbuch der Schauponys begründet. Diese Rasse entwickelte sich durch Kreuzungen zwischen heimischen Ponys und Arabern

Evolution und Züchtungen sind verantwortlich für die kräftigen, schönen und eleganten Pferde, die wir heute kennen und schätzen.

oder kleineren Englischen Vollblütern. So entstanden kindertaugliche Reitponys.

Weltweit gibt es viele Pferde- und Ponyrassen, die sich sowohl an die Lebensumstände ihrer Umgebung wie auch an die Bedürfnisse der Menschen angepasst haben. So geht man beispielsweise davon aus, dass Fjordpferde schon seit Vorwikinger-Zeiten in Norwegen leben. Hannoveraner sind deutlich jünger: Sie sind das Ergebnis der Gründung des Landgestüts im Jahre 1735 durch Georg II., Kurfürst von Hannover und König von England. Er wollte die örtliche Bevölkerung mit guten Hengsten versorgen und so setzte man Holsteiner, später auch Englisches Vollblut ein, bis man das athletische moderne Sportpferd erhielt, das man heute kennt.

Das ultimative Ziel der Züchter ist, traditionelle Qualitäten wie Widerstandsfähigkeit, Kraft und Ausdauer zu erhalten, gleichzeitig aber auch die Ansprüche des modernen Marktes zu befriedigen. Zuchtverbände und Pferdeschauen untermauern diese Standards, indem sie nur die Allerbesten für die Zucht auswählen.

RASSESTANDARDS

Dɪᴇ Rᴀssᴇsᴛᴀɴᴅᴀʀᴅs ʟᴇɢᴇɴ ᴅɪᴇ Mᴇʀᴋᴍᴀʟᴇ ᴊᴇᴅᴇʀ einzelnen Rasse fest. Sie dienen als Hinweise für die Züchter und helfen ihnen dabei, Tiere auszuwählen, die diese Standards beibehalten und ihren Bestand verbessern. Im Allgemeinen werden die Rassestandards von einem Zuchtverband festgelegt, und je älter die Rasse ist, desto älter sind auch die Standards.

Rassestandards spiegeln das äußere Erscheinungsbild (Exterieur) wider, beispielsweise Größe (das Shetland-Pony darf nicht größer als 107 cm sein), Kopf (das Exmoor-Pony hat große, weit auseinanderstehende Augen mit heller Umrandung) und Farbe (der Haflinger muss eine flachsfarbene Mähne und Schweif haben).

Bei den moderneren Rassen führen die Rassestandards auch den Zweck an, für den die Rasse entwickelt worden ist. Bei Show Hacks erwartet man beispielsweise, dass sie eine atemberaubende Eleganz zeigen, während es beim Morgan noch einen Schritt weitergeht: „Die Schönheit des Morgan erweicht das Herz. Die Rasse existiert nur, weil sie Menschen erfreut.“

Wenn verschiedene Rassen bewertet werden, zum

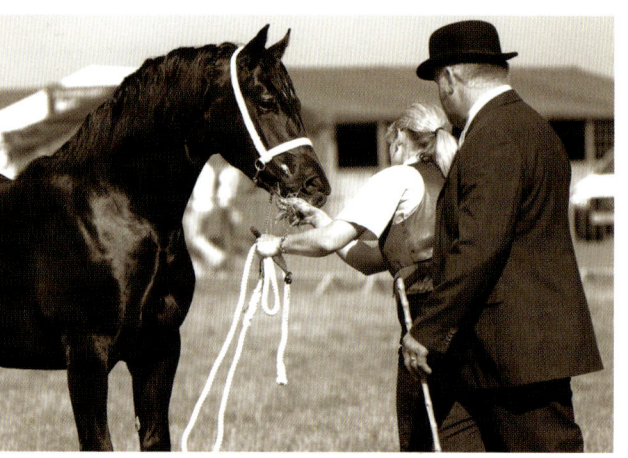

Rassestandards werden von den jeweiligen Zuchtverbänden festgelegt und erfahrene Zuchtrichter können eine oder mehrere Rassen beurteilen.

Beispiel in einer gemischten Klasse, werden sie im Hinblick auf den jeweiligen Standard beurteilt, nicht im Vergleich miteinander. Die Standards für eine Rasse können in unterschiedlichen Ländern voneinander abweichen, häufig entsteht jedoch im Ursprungsland ein allgemein gültiges Rasseideal.

Die Wahrung und möglicherweise auch die Überarbeitung der Standards ist eine Riesenverantwortung. Entscheidungen, ob man die Größe von heimischen Ponys erhöht, um die Nachfrage nach größeren Reitponys zu befriedigen, müssen gegen mögliche Merkmalverluste, beispielsweise die Widerstandsfähigkeit, abgewogen werden.

Zu Beginn des 20. Jahrhunderts mussten Pferde viele Kilometer zurücklegen, um eine Tierschau zu erreichen, heutzutage werden sie in Transportern dorthin gebracht. Bedeutet das, dass Ausdauer nicht länger gefragt ist? Nur hochkarätige Experten und Züchter können solche Fragen beantworten, und ihre Entscheidungen werden auch in ferner Zukunft Auswirkungen haben.

ZUCHTSCHAUEN

EINFACH AUSGEDRÜCKT SIND DIES DIE Gelegenheiten, bei denen Besitzer und Züchter ihre Pferde und Ponys stolz präsentieren können, und zwar im Wettbewerb vor Zuchtrichtern. Mit dem Aufkommen der Landwirtschaftsschauen im frühen 19. Jahrhundert begründete man die ersten Schauklassen für Arbeitspferde. Dort wurden die besten Rassen, die in der Landwirtschaft eingesetzt wurden, beurteilt, später auch Kutschpferde.

Im späten 19. Jahrhundert erweiterte man die Pferdeklassen beispielsweise um Jagdpferde. In den 1930er Jahren entstanden in Großbritannien Ponyklassen und man begann den Wert der im eigenen Land gezüchteten Rassen zu erkennen. Allerdings dauerte es bis Mitte der 1950er Jahre, bis eine wahrhaft breite Vielfalt von Klassen entstanden war. Dabei setzten neue Verbände mit ihren vielseitigen Programmen und renommierten Auszeichnungen neue Maßstäbe.

Und auch in anderen Ländern fanden immer größere und bessere Zuchtschauen statt. Deutsche Pferdezüchter und -liebhaber

Dieser makellose Schimmel mit der geflochtenen Mähne bildet eine perfekte Partnerschaft mit seinem Reiter.

nehmen den Auftritt ihrer Tiere beispielsweise sehr ernst. Bei der Zuchtschau „Hengste" auf der Equitana treten die großen Blutlinien der Warmblut- und Reitponyzucht (sowohl etablierte Spitzenhengste als auch Nachwuchshoffnungen) vor etwa 5 000 Zuschauern auf. In den USA bieten staatliche Messen die Gelegenheit, Pferdetypen und Reitsportarten zu präsentieren.

Zuchtschauen setzen Standards und die Teilnehmer müssen nicht nur ein Pferd züchten, das den Rassestandards entspricht, sondern auch eines, das quasi makellos ist und sich so vorteilhaft wie möglich darstellen kann. Sowohl für den Betreuer als auch für das Pferd ist es von großer Bedeutung, dass das Tier für diesen Auftritt bestens vorbereitet ist. Denn das Pferd muss gegenüber dem Betreuer oder Reiter Gehorsam zeigen, aber auch unbeeindruckt von der Menschenmenge, den Lichtern und dem Lärm in der Arena agieren.

So ist es für Besitzer und Züchter einerseits eine ernstzunehmende Angelegenheit, aber es geht ihnen auch darum, Spaß zu haben und ihre Leidenschaft mit Gleichgesinnten zu teilen.

AUSSTELLUNGSVORBEREITUNG

Wochen oder sogar Monate vor einer Schau müssen Züchter und Besitzer entscheiden, woran sie teilnehmen möchten. Dann werden die besten Pferde ausgewählt und die ernsthafte Arbeit beginnt, um jedes Pferd auf den großen Auftritt vorzubreiten.

Bei (Geführten) Gelassenheitsprüfungen muss das Pferd eine Spitzenkondition haben, und die erreicht man nicht über Nacht. Wochen mit optimaler Fütterung, Fellpflege und Übungen sind notwendig, um ein Pferd in einen umwerfenden Prüfungssieger zu verwandeln. Lange Stunden werden auf dem Übungsgelände verbracht, um das Pferd zu trainieren, an einer festgelegten Stelle still zu stehen, auf entspannte und elegante Weise im Schritt und im Trab geführt zu werden – all das wird verlangt. Der Pferdeführer muss ebenfalls lernen, das Pferd richtig vorzuführen und daran zu glauben, dass sie gemeinsam eine gelungene Vorführung präsentieren. Ferner muss er fit genug sein, neben dem Pferd her zu laufen, um bei der Pferdeschau dessen Gangarten zu zeigen.

Wenn der Termin der Prüfung näherrückt, sollte die Fellpflege intensiviert werden. Im Einklang mit den Details, die im Rassestandard festgelegt sind, wird die Ausrüstung für das Pferd ausgewählt: einfaches, aber gut angepasstes und sauberes Zaumzeug, besondere Halfter oder funkelnde Stirnriemen.

Am Tag vor einer Schau wird jeder Zentimeter des Pferdes gründlich gewaschen. Beine, Mähnen und Schweife werden besonders behandelt, damit sie glänzen. Dafür hat jeder Aussteller seine eigenen Methoden. Pferdedecken dienen dazu, die Tiere über Nacht sauber zu halten, und es gibt auch Notfallausrüstungen, um kleine Mängel kurzfristig zu beheben.

Die Mähne krönt den Auftritt eines Pferdes und eine sorgfältig geflochtene Mähne kann den Pferdehals visuell verlängern oder verkürzen.

Um den Schimmer zu verstärken, kann man Lotionen verwenden. Bei manchen Rassen sollte man Mähne und Schweif flechten, wobei die Anzahl der Zöpfe einen längeren oder einen kürzeren Hals vorspiegeln kann. Abschließend kann man für einen großen Auftritt am Abend auch ein wenig Glanz auftragen, der das Licht der Scheinwerfer auf fast märchenhafte Weise reflektiert.

AUS DER SICHT DER ZUCHTRICHTER

Bei der Schau selbst wird das Ausstellungsgelände eingeteilt: In einigen Bereichen sind Hindernisse für die Springen aufgebaut, in anderen Vorkehrungen für die Dressur getroffen. Überall gibt es Ansprechpartner und die Richter sind – je nach Sachkenntnis – eingeteilt.

Von dem Moment, in dem ein Richter den Ring betritt, übernimmt er das Kommando. Alle Klassen werden gemäß den Anforderungen der Rassestandards in einer bestimmten Art und Weise beurteilt. Die Richter müssen wissen, was sie von den Teilnehmern erfahren wollen und erwarten können, und sie müssen Experten für die Rassen sein, die sie beurteilen. Es ist die Aufgabe der Pferdeführer, ihre Pferde so zu präsentieren, dass sie auch ordnungsgemäß beurteilt werden können. Wenn ein Pferd sich nicht beruhigen lässt, kann es auch nicht beurteilt werden.

Eine gewisse Ausgelassenheit ist in manchen Klassen – beispielsweise bei Fohlen – erlaubt, aber dennoch müssen die Pferde die Gangarten korrekt zeigen und still stehen, sodass sie begutachtet werden können. Bei Geführ-

Eine rote Schleife ist im Allgemeinen die höchste Auszeichnung in Großbritannien, in Deutschland ist Gold die Siegerfarbe.

ten Prüfungen beginnt der Richter damit, das Pferd in der Bewegung zu beobachten, um sich eine erste Meinung zu bilden. Er wird jedes Pferd individuell und von allen Seiten begutachten, ob und inwieweit es den Rassestandards entspricht. Am Ende stellen sich alle Pferde in einer Reihe auf und der Richter kann noch einmal alle Pferde betrachten, bevor er eine endgültige Reihenfolge festlegt. Die Prüfung wird mit einem prächtigen gemeinsamen Trab beendet, bei dem die Sieger vorantraben.

Bei Gerittenen Prüfungen liegt der Schwerpunkt auf den Bewegungen und der Gehorsamkeit des Pferdes gegenüber seinem Reiter. Ein Jagdpferd wird beispielsweise alle Gangarten zeigen, aber vor allem einen ausgezeichneten Galopp, während ein Kinderpony hauptsächlich gute Manieren unter Beweis stellen muss. Und beim Fahren müssen die Pferde jederzeit auf die Instruktionen des Fahrers reagieren.

In welcher Klasse ein Pferd auch immer gezeigt wird, es wird gründlich von den erfahrenen Augen des Richters unter die Lupe genommen.

DIE PFERDE

Diese HINREISSENDE GALERIE wird jedem *Pferdeliebhaber* – ob Amateur oder Profi – die GEWISSENSFRAGE stellen. Galoppieren Sie nicht zu schnell über *unser Gestüt:* Jedes Pferd verdient eine genaue Prüfung. Entscheiden Sie selbst, wer Ihr FAVORIT ist!

SHIRE
WALLACH

Er ist als sanfter Riese und als schweres Zugpferd bekannt: der SHIRE. Vermutlich stammt er vom sogenannten „Großen Pferd" ab, das im Mittelalter gezüchtet worden war, um Männer in Rüstung zu tragen. Moderne Shires sind häufig mit geflochtener Mähne und Schweif zu sehen – ursprünglich eine Maßnahme, um zu verhindern, dass sich das Haar in den Geräten verfing, die sie zogen.

Merkmale

Ihr Kötenbehang (das lange Haar an den Beinen) wird für die Schauen gesäubert und gekämmt. Es gibt Rappen, Braune, Dunkelbraune und Schimmel – die dunklen Farben verdankt der Shire seinem europäischen Erbe. Er wiegt bis zu 1 000 Kilogramm.

Nutzung

Aufgrund seiner Größe, Stärke und Ausdauer spielte der Shire eine Schlüsselrolle bei Land- und Zugarbeiten in den Dörfern und Städten. Er zog Bierkutschen, Kohlenwagen, Baumstämme und arbeitete in den Docks. Nur selten werden Shires noch als Arbeitspferde eingesetzt, meist findet man sie auf Jahrmärkten und Schauen, wo sie zur Erinnerung an die Vergangenheit dienen.

Verwandte Rassen

Der Shire entstammt vermutlich Kreuzungen des „Großen Pferdes" mit Flamen und Friesen vom europäischen Festland. Er ist ferner mit dem Clydesdale verwandt.

Stockmaß

Hengst............167–178 cm
Stute..............162–173 cm

Herkunft und Verbreitung

Da dieses Pferd hauptsächlich in den Shires, den Grafschaften Mittelenglands, gezüchtet wurde, erhielt es 1884 auch den Namen Shire. Es ist weltweit zu finden, da es oftmals exportiert wurde.

England

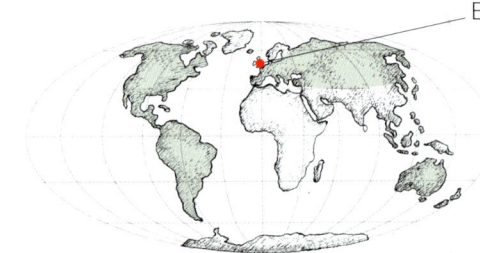

MORGAN

STUTE

Diese Rasse – wohlbekannt für Schönheit und Eleganz – hat ihre Wurzeln in einem außergewöhnlichen Hengst: Justin Morgan. Er war ein äußerst starkes Arbeitspferd und gewann verschiedenste Zugwettbewerbe. Von diesem Hengst stammt auch das freundliche Wesen. Seit 1961 ist der MORGAN in den USA das offizielle Staatstier von Vermont, seit 1970 das offizielle Staatspferd von Massachusetts.

Merkmale

Der Morgan ist bekannt für seine kompakte Größe, seinen feinen Kopf und seine klaren Gangarten. Es gibt Rappen, Rotbraune, Füchse oder Braune. Über dem Knie finden sich keine weißen Abzeichen außer auf dem Gesicht.

Nutzung

Morgans sind Teil der amerikanischen Geschichte – sie wurden beim Militär, auf den Höfen und als Zugtiere eingesetzt. Im frühen 20. Jahrhundert sank ihre Popularität, aber heutzutage werden sie in allen Disziplinen eingesetzt: als Freizeitpferd, beim Westernreiten, Englischen Reiten, bei Dressur, Spring- und Distanzreiten.

Verwandte Rassen

Man vermutet, der Morgan könnte Beziehungen zu Vollblütern und Arabern haben, vielleicht auch niederländisches Blut.

Stockmaß

Hengst .... 144–158 cm
Stute .... 144–158 cm

Herkunft und Verbreitung

In einzigartiger Weise stammt diese Rasse von einem einzigen Hengst ab: Justin Morgan (benannt nach seinem Besitzer). In den USA ist sie sehr populär, aber man findet sie auch in Kanada, Europa, Australien und Neuseeland.

USA

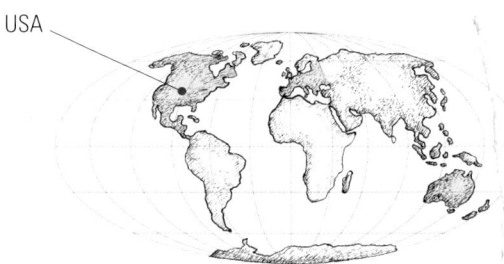

SUFFOLK

WALLACH

Einst war der SUFFOLK, auch Suffolk Punch, für seine kostensparende Haltung bekannt, da er weniger Futter benötigte als andere Arbeitspferde vergleichbarer Größe. Seine Gelassenheit gilt als einer der Gründe für seine natürliche Langlebigkeit. Der Suffolk ist vergleichsweise frühreif – er kann schon mit drei Jahren mit Arbeiten beginnen, während andere Rassen erst im Alter von vier oder fünf Jahren einsatzbereit sind.

Merkmale

Alle Suffolks bestechen durch ihre Fuchsfarbe. Sie haben einen großen, bulligen Körper auf kurzen, kräftigen Beinen, die keinen Kötenbehang aufweisen, und wiegen bis zu 1 000 Kilogramm.

Nutzung

Ihr gutes Wesen, Kraft, Frühreife, stabile Gesundheit und Wirtschaftlichkeit machen Suffolks zu idealen Arbeitstieren in der Landwirtschaft. Die charakteristischen weit auseinander-stehenden Beine ohne Behang erlaubten es ihnen, auf den Getreidefeldern zu arbeiten, ohne Schaden anzurichten. Sie waren auch auf der Straße tätig, um verschiedenste Transportarbeiten zu bewältigen.

Verwandte Rassen

Hinweise auf den Suffolk finden sich schon im frühen 16. Jahr-hundert. Mag ihr Ursprung auch im Dunkeln liegen, stehen sie doch Haflingern näher als anderen Kaltblütern.

Stockmaß

Hengst ....163–171 cm
Stute ....163–171 cm

Herkunft und Verbreitung

Wie der Name schon sagt, stammt die Rasse aus der Graf-schaft Suffolk in England. Sie wurde nach Russland, Nord- und Südamerika, Australien, Afrika und Europa exportiert, steht in Großbritannien und den USA aber auf der Liste der gefährdeten Rassen.

England

CONNEMARA
STUTE

Das CONNEMARA ist ein ausgezeichnetes Sportpony. Es setzt mit seiner Kraft und Robustheit seine Vergangenheit als Arbeitspferd in Intelligenz und Bereitwilligkeit um, der Einfluss des spanischen und arabischen Blutes gibt ihm Mut und Format. Der Legende, es stamme von Pferden ab, die mit der spanischen Armada landeten, kann man wohl nicht glauben.

Merkmale

Ausgezeichnete Schultern erlauben freie Bewegungen, der lange, gebogene Hals eine gute Zügellänge. Üblicherweise sind Connemaras Schimmel, aber es gibt auch Falben, Braune, Rappen und gelegentlich Füchse.

Nutzung

Connemaras sind an der Westküste Irland beheimatet, dort wurden sie angespannt, um Seetang zu transportieren. Nachdem sie sich aus dem felsigen Connemara ins Inland ausgebreitet hatten, wurde ihr Speiseplan nahrhafter und sie wurden insgesamt größer, behielten aber ihre Robustheit. Heutzutage finden sie sich in allen Pferdesportdisziplinen und sind gesunde und verlässliche Reitponys.

Verwandte Rassen

Man vermutet, dass Wikinger Ponys mitbrachten, sodass außer spanischem Blut auch skandinavisches Blut in ihren Adern fließt. Im frühen 20. Jahrhundert wurden Vollblüter und Araber eingekreuzt, heute ist das Stutbuch geschlossen.

Stockmaß

Hengst ....bis 148 cm
Stute ....bis 148 cm

Herkunft und Verbreitung

Connemaras stammen aus der gleichnamigen entlegenen Region in der irischen Grafschaft Galway. Heutzutage findet man sie in den USA, Australien, Neuseeland, Skandinavien und Europa.

Irland

CLYDESDALE
STUTE

Der CLYDESDALE ist ein traditionelles schottisches Landwirtschafts- und Zugpferd – eine aktive Rasse mit hoher Knieaktion. Er besitzt lange, kräftige Gliedmaßen und widerstandsfähige Hufe, auch wenn diese auf Tierschauen nicht mehr so wichtig sind wie in seinem einstigen Arbeitsleben. So wird das Überleben der Rasse dennoch gesichert.

Merkmale

Ein kurzer Rücken mit einem athletischen Körper, ein gebogener Hals und große, intelligente Augen – das zeichnet Clydesdales aus. Es gibt Rotbraune, Braune oder Rappen und häufig findet man beachtlich viel Weiß an Kopf und Beinen, das bis auf den Körper laufen kann. Ein Streifen auf dem Körper ist als „Clydesdale mark" bekannt.

Nutzung

Die Widerstandsfähigkeit der Clydesdales wurde bei ihrem Einsatz als Arbeitspferd in der Landwirtschaft gut genutzt, dabei waren sie auch vor dem Pflug oder als Zugtiere gut einsetzbar. Ihr gutmütiges Wesen erlaubt es, sie als Zweiergespann zu verwenden, um gewaltige Massen zu ziehen.

Verwandte Rassen

In der zweiten Hälfte des 19. Jahrhunderts wurden Shires eingesetzt, um das Clydesdale als Arbeitspferd weiterzuentwickeln. Ursprünglich war es ein Pferd, das eher zum Tragen als zum Ziehen geeignet war. Selektive Züchtung und das Einkreuzen flämischer Pferde stärkten aber seine Zugleistung.

Stockmaß

Hengst .... 175–183 cm
Stute .... 170–178 cm

Herkunft und Verbreitung

Clydesdales stammen aus Schottland, genauer gesagt aus Lanarkshire. Sie wurden weltweit exportiert, nach Nord- und Südamerika, Australien, Russland und ganz Europa.

Schottland

CLEVELAND BAY

WALLACH

Sie gehören nicht nur zu den ältesten, rein gezogenen britischen Rassen, sondern haben sich auch Ruhm dadurch erworben, dass sie in Kreuzungen Knochenstärke, Größe und Ausdauer an leichtere Tiere weitergeben: CLEVELAND BAY. Bedauerlicherweise hat das dazu geführt, dass die Zahl der reinrassigen Pferde zwischenzeitlich erheblich zurückgegangen war.

Merkmale

Wie der englische Rassenname sagt, ist ihr Farbton braun (bay) – wobei Beine, Mähne und Schweif schwärzlich sind. Auch ein winziger weißer Stern auf der Stirn ist zugelassen. Die Tiere sind gut gebaut, mit kräftigem Fundament und Hinterhand. So erhalten sie Substanz und Ausdauer als Reit- und Kutschpferd.

Nutzung

Cleveland Bay sind gute Allrounder: Sie tragen schwere Reiter, besitzen ein gutes Springvermögen und sind als Jagdpferde und Traber geeignet. Prinz Philip, der Ehemann von Königin Elizabeth II., setzt bei Fahr-Wettbewerben auf reinrassige Tiere und sie werden bei offiziellen Anlässen als Karossiers am Königshof verwendet.

Verwandte Rassen

Araber, Andalusier, Berberhengste und Englisches Vollblut haben eine Rolle bei der Entwicklung des Cleveland gespielt. Inzwischen unterscheidet er sich aber von diesen Rassen.

Stockmaß

Hengst ....162–168 cm
Stute ....162–168 cm

Herkunft und Verbreitung

Die Rasse wird vornehmlich in Cleveland, im Nordosten Englands, gezüchtet, woher sie auch ihren Namen erhielt. Bei ihrer Entwicklung spielte auch das Chapman Pack Horse eine Rolle. Heutzutage findet man die Rasse weltweit.

England

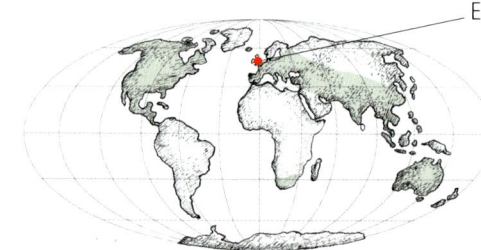

SHETLAND-PONY
STUTE

Obwohl sie die kleinste der in Groß-britannien heimischen Rassen ist, besitzen die Ponys eine unglaubliche Kraft. SHETLAND-PONYS haben sich den unwirtlichen Bedingungen der nordschottischen Inseln, die ihnen den Namen gegeben haben, in erstaunlicher Weise angepasst.

Merkmale

Widerstandsfähigkeit, Intelligenz, geringe Größe und Kraft sind die herausragenden Merkmale dieser kleinen Rasse. Man findet Tiere in jeder Farbe, nur keine Schecken. Shetlands vermitteln einen Gesamteindruck von Zähigkeit und Vitalität. Mähne und Schweif sollten lang und dicht sein.

Nutzung

Heutzutage ist das Shetland traditionell das erste Pony eines Kindes und wird als Reit- und Springpony verwendet. Seit Kurzem wird es – mit dem wachsenden Interesse am Scurry Driving – auch als Kutschpferd eingesetzt. In der Vergangenheit nutzten die Bewohner der Shetlandinseln die Tiere als Packpferde, um ihre Agrarprodukte vom Feld auf den Markt zu transportieren. Überdies diente es oftmals als Grubenpony.

Verwandte Rassen

Aufgrund ihrer Inselheimat gibt es kaum Verwandte – außer evtl. anderen europäischen Ponyrassen.

Stockmaß

Hengst ....bis 107 cm
Stute ....bis 107 cm

Herkunft und Verbreitung

Kleine Ponys sind auf den Shetlandinseln seit der Bronzezeit bekannt. Sie könnten von Tundrenponys und südeuropäischen Bergponys abstammen und auch nordisches Blut in sich tragen. Heutzutage sind sie weltweit verbreitet, auch auf den Falklandinseln und im nördlichen Polarkreis.

Schottland

NEW-FOREST-PONY

WALLACH

Es ist ein vielseitiges und umgängliches Pony, ein echter Allrounder: das New-Forest-Pony. Da es im Laufe seiner Geschichte vielfältig gekreuzt wurde, wurde das Pony zum robusten Überlebenskünstler, der allen Herausforderungen im rauen Waldleben gewachsen war. Aufgrund seiner natürlichen Athletik und Anpassungsfähigkeit zeichnet es sich in allen Disziplinen aus.

Merkmale

Jede Farbe, aber keine Schecken. Keine weißen Abzeichen außer am Kopf und den unteren Gliedmaßen. Das Pony hat eine gut geformte Hinterhand und einen kompakten Rumpf mit ordentlicher Tiefe, ferner einheitlich gute Hufe. Sein gutmütiges Temperament macht es leicht erziehbar.

Nutzung

Das New Forest ist als Kutschpferd sowie als Reitpony für leichtere Erwachsene und Kinder gleichermaßen geeignet, vor allem seine Trittsicherheit in beiden Disziplinen überzeugt. Aber auch als Spring- und Dressurpony zeigt es gute Leistungen. Auf Tierschauen ist es üblicherweise mit natürlicher Mähne und Schweif zu sehen.

Verwandte Rassen

Verschiedenste Rassen sind an der Entwicklung des New-Forest-Pony beteiligt gewesen, darunter Englisches Vollblut, Araber und Hackneys, die seine Größe gesteigert haben. Einheimische Rassen wie Exmoor, Dales und Dartmoor wurden eingesetzt, um seine Pony-Merkmale zu erhalten.

Stockmaß

Hengst ....bis 148 cm

Stute ....bis 148 cm

Herkunft und Verbreitung

Wildponys leben seit mindestens 900 Jahren im New Forest in Südengland. Heutzutage ist die Rasse standardisiert und nach Europa, Skandinavien, Nordamerika, Australien und Neuseeland exportiert worden.

England

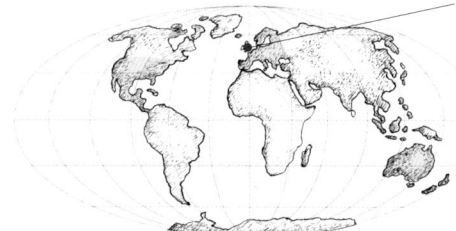

DALES-PONY

HENGST

Als größte und schwerste britische Rasse ist das DALES-PONY ein wahrhaft starkes und aktives Pony, voller Tatkraft. Seine Bewegungen sind – aufgrund einer kräftigen Hinterhandmuskulatur – bemerkenswert, geradlinig und entschlossen. Es hat einen kompakten Körper, eine breite Stirn und oftmals einwärts gedrehte Ohren.

Merkmale

Mit seiner üppigen Mähne und Schweif, dem seidenweichen Fesselbehang und den charakteristischen Bewegungen ist das Dales-Pony ein echter Blickfang auf allen Tierschauen. Am häufigsten findet man Rappen, Schwarzbraune und Braune, seltener Schimmel. Es sollte aber keine übermäßigen weißen Abzeichen haben.

Nutzung

Dales-Ponys können Erwachsene bis zu einem Gewicht von ca. 100 kg tragen, außerdem sind sie starke und zuverlässige Zugtiere. Aufgrund ihres ruhigen Temperaments und ihrer Intelligenz eignen sie sich aber auch als Springpferde und für Distanzritte. In der Vergangenheit haben Dales in Bleiminen gearbeitet, wo sie sowohl unter als auch über Tage schwere Lasten transportieren mussten.

Verwandte Rassen

Fell- und die Dales-Ponys entspringen derselben Wurzel. Welsh Cobs, Friesen und Clydesdales könnten bei der Entwicklung der Rasse ebenfalls eine Rolle gespielt haben.

Stockmaß

Hengst ....bis 148 cm

Stute ....bis 148 cm

Herkunft und Verbreitung

Ursprünglich stammen Dales aus dem Osten der Pennines, einem Mittelgebirge im Norden Englands, und dort wurden sie auch viele Jahre lang gezüchtet. Heute findet man sie in Europa, Nordamerika, Skandinavien und Australien.

England

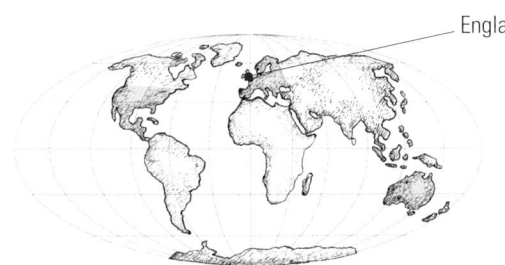

APPALOOSA

WALLACH

Der Appaloosa ist aufgrund seines einzigartigen Fellmusters weltbekannt, man nennt ihn auch „geflecktes Pferd". Zusätzlich zu seiner Sprenkelung finden sich auch gute Eigenschaften, so ist er ausgesprochen trittsicher. Der Appaloosa ist das Staatspferd des amerikanischen Bundesstaats Idaho.

Merkmale

Es gibt im Wesentlichen fünf Fellzeichnungen: Schabrackentiger (Blanket) – weiße Decke mit Kontrastfarbe (möglicherweise mit Flecken), üblicherweise über der Kruppe; Volltiger (Leopard) – weiß mit Sprenkeln auf dem gesamten Körper; Schneeflocke – dunkel mit weißen Sprenkeln; Frost – Pferd mit wenigen Sprenkeln auf einem dunklen Körper; Solid – einfarbig mit gefleckter Haut und einem weiteren Appaloosa-Merkmal.

Nutzung

Die Rasse wird häufig als „amerikanisch" abgestempelt. In der Tat sind die Tiere ausgezeichnete Westernpferde in allen Spielarten, als Gangpferde heißen sie „Walkaloosa". Auf Tierschauen sind sie beim Publikum sehr beliebt – vor allem aufgrund der unterschiedlichen Fellmuster.

Verwandte Rassen

Verwandt sind Appaloosas mit gefleckten Ponys und Knabstruppern. Gefleckte Pferde waren vor allem bei dem indianischen Stamm der Nez Percé beliebt, der in Idaho eine selektive Zucht betrieb.

Stockmaß

Hengst............148–158 cm

Stute...............148–158 cm

Herkunft und Verbreitung

Der Appaloosa kommt aus den USA, genauer gesagt aus der Gegend um Idaho, Nordost-Oregon und Südost-Washington. Auch in Europa, Australien und Neuseeland erfreut sich die Rasse wachsender Beliebtheit.

USA

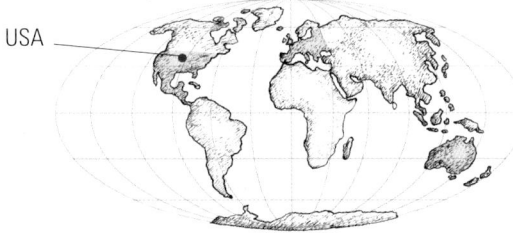

DARTMOOR-PONY

WALLACH

Nach dem Ersten Weltkrieg gingen die Zahlen der DARTMOOR-PONYS rapide zurück. In ihrer Heimat Großbritannien werden sie als gefährdete Rasse eingestuft, obwohl sie gerade als Kinderpony sehr beliebt sind. Sie stammen aus dem rauen Dartmoor im Südwesten Englands, sind überaus widerstandsfähig, gleichzeitig aber auch sehr gutmütig.

Merkmale

Das attraktive Pony besitzt einen charakteristischen kleinen Ponykopf mit wachen Augen. Es hat harte und starke Hufe sowie einen sehr muskulösen Körper. Mögliche Farben sind Rotbraune, Braune, Rappen, Schimmel, Füchse oder Rotschimmel – nur großflächige Abzeichen sind unerwünscht.

Nutzung

Da das Dartmoor-Pony eine gute Halslänge hat, ist es als Reitpony für Kinder eine ausgezeichnete Wahl, da diese dadurch ein größeres Gefühl der Sicherheit verspüren. Es eignet sich auch als Springpferd und – aufgrund seiner Gutmütigkeit – als Kutschpferd. In der Vergangenheit diente es als Packpferd und Arbeitstier auf Bauernhöfen, überdies als Grubenpony.

Verwandte Rassen

An der Handelsroute zwischen Exeter und Plymouth beeinflussten Pferde wie Araber und Berberpferde die Rasse. Überdies wurden Dartmoor- und Shetland-Ponys gekreuzt, um kleinere Tiere für die Minen zu erhalten.

Stockmaß

Hengst ....bis 122 cm
Stute ....bis 122 cm

Herkunft und Verbreitung

Das Dartmoor liegt in Südwestengland und vermutlich haben Ponys dort Tausende von Jahren gelebt. Heutzutage findet man sie in Europa und Nordamerika.

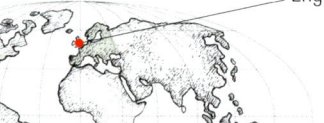

England

ENGLISCHES VOLLBLUT
WALLACH

Das ENGLISCHE VOLLBLUT gilt als Nonplusultra im Pferdesport, zunächst einmal waren die Tiere aber Rennpferde. Geschwindigkeit und Ausdauer in Kombination mit einer gewissen Schönheit machten sie – wenn sie in Aktion waren – zu einem Anblick, der das Publikum immer in den Bann zog. Heutzutage werden sie vielfältig eingesetzt.

Merkmale

Alle Farben werden akzeptiert, nur nicht mehrfarbig. Da das Englische Vollblut auf ein agiles Wesen und Leistungsfähigkeit hin gezüchtet wird, gelten die Tiere oft als „heißblütig". Allerdings benötigen sie in ihrem Metier auch großen Mut und Unerschrockenheit.

Nutzung

Aufgrund seiner Fähigkeiten in Pferderennen und Springsport hat das Englische Vollblut andere Rassen immens beeinflusst, da die Tiere eingesetzt wurden, um Qualität und Größe zu vererben. In dem Maße, indem sich der Pferdesport – beispielsweise im Vielseitigkeitsreiten – entwickelt hat, sind auch die Ansprüche an die Vollblüter gewachsen.

Verwandte Rassen

Alle britischen Show Hacks und Hunter, Reitponys und Reitpferde haben von dem Einfluss des Vollblüterblutes profitiert. Anglo-Araber sind das Ergebnis der Kreuzung von Englischem Vollblut und Araberrassen.

Stockmaß

Hengst ....152–168 cm
Stute ....152–168 cm

Herkunft und Verbreitung

Alle modernen Vollblüter gehen auf drei Stempelhengste aus dem 18. Jahrhundert zurück. Alle Schimmel können auf einen einzigen Araberhengst zurückgeführt werden. Vollblüter gibt es auf der ganzen Welt.

England

ARABER

STUTE

ARABER gelten als älteste und reinste aller Pferderassen und als die Rasse, die den größten Einfluss auf andere Rassen hatte. Häufig wird gesagt, dies seien weltweit die schönsten Pferde. Araber sind gutmütige, wenngleich temperamentvolle Tiere. Sie bewegen sich, als schwebten sie über den Boden.

Merkmale

Araber haben einen kleinen „konkaven" Kopf, weite Nüstern und auffällige Augen. Ihre Bewegungen sind sehr eindrucksvoll, quasi schwebend. Es gibt Füchse, Rotbraune, Schimmel oder Rappen.

Nutzung

Natürlich haben Araber eine wesentliche Rolle in der Entwicklungsgeschichte anderer Rassen gespielt. Ursprünglich wurden sie allerdings genutzt, um Reiter schnell, sicher und mit Ausdauer durch ausgedehnte Wüstenregionen zu bringen. Auch in Kriegszeiten – schon bei den Kreuzzügen – wurden sie eingesetzt. Heutzutage werden sie aufgrund ihrer Schönheit geschätzt, aber sie gelten auch als sehr gesunde, robuste Rasse, die vor allem bei Distanzritten überzeugen kann. Auch bei Pferderennen sind sie zunehmend zu finden.

Verwandte Rassen

Es gibt zu viele Rassen, die mit den Arabern verwandt sind, als dass man sie aufzählen könnte, aber dazu gehören Voll- und Warmblüter sowie Achal-Tekkiner. Araber wurden eingesetzt, um verschiedene Rassen zu „verbessern".

Stockmaß

Hengst .... 148–158 cm

Stute .... 148–158 cm

Herkunft und Verbreitung

Schon auf altertümlichen Darstellungen finden sich Pferde, die denjenigen ähneln, die seit etwa 2500 v. Chr. auf der Arabischen Halbinsel leben. Seitdem haben sie sich weltweit verbreitet.

Arabische Halbinsel

AMERICAN QUARTER HORSE
STUTE

Siedler aus Großbritannien brachten ihre Liebe zu Pferderennen mit nach Amerika und verwendeten ihre Arbeitspferde für Kurzstreckenrennen über eine Viertelmeile (a quarter mile, daher der Name). Durch weitere Zucht wurde die Hinterhand muskulös und die Brust breit, so kann das AMERICAN QUARTER HORSE mit bemerkenswerter Leichtigkeit aus dem Stand in einen schnellen Galopp beschleunigen.

Merkmale

Die Rasse hat einen kompakten, aber athletischen Körper, eine breite Brust und kräftige Hinterhand. Es gibt sie in jeder Grundfarbe, aber nicht mehrfarbig.

Nutzung

Geschwindigkeit, Ausdauer, Intelligenz und die natürliche Fähigkeit, die Bewegungen einer Herde zu erahnen, machen das Quarter Horse zu einem idealen Partner für Viehzüchter. Heutzutage ist es – auch aufgrund seiner „guten Manieren" – als Freizeitpferd äußerst beliebt, aber es gibt auch eigene Pferderennen.

Verwandte Rassen

Das Quarter Horse stammt von spanischen Rassen in Amerika ab und könnte auch Vollbluteinflüsse aufweisen.

Stockmaß

Hengst ....150–163 cm
Stute ....150–163 cm

Herkunft und Verbreitung

Die ersten Siedler an der amerikanischen Ostküste fanden einige Pferde vor, die dort von den spanischen Eroberern viele Jahre zuvor zurückgelassen worden waren. Die Rasse ist heute weltweit verbreitet, vor allem in Regionen mit großen Viehherden wie in Afrika und Australien.

USA

HIGHLAND-PONY
STUTE

Es gibt nur einen Standard, aber zwei unterschiedliche Typen von HIGHLAND-PONYS – den größeren Festlandtyp und den kleineren und leichteren Typ von den westlichen Inseln. Es ist ein besonders stämmiges Pony mit wissbegierigem und intelligentem Charakter. Sein Erscheinungsbild vermittelt Stärke, aber das Tier bleibt dennoch ein typisches Pony.

Merkmale

Das Highland ist ein kompaktes, kräftiges Pony. Verschiedene Falbfarben sind charakteristisch, aber man findet auch Schimmel, Braune, Rappen sowie Füchse mit silbriger Mähne und Schweif.

Nutzung

In seiner Heimat Schottland wird das Highland-Pony noch stets genutzt, um bei der Hirschjagd die geschossenen Tiere zu transportieren. Es wurde im Ersten Weltkrieg und im Burenkrieg, in der Schafzucht und als Arbeitstier auf Bauernhöfen eingesetzt. Heutzutage ist es ein gutes Reitpony, das auch Erwachsene tragen kann, aber gutmütig genug für Kinder ist. Nach wie vor wird es bei Waldarbeiten eingesetzt, da es weniger Schäden anrichtet als Fahrzeuge.

Verwandte Rassen

Verschiedene Rassen waren an der Entstehung der Eigenschaften des modernen Highland-Ponys beteiligt, darunter vermutlich Clydesdale und Araber, möglicherweise auch Percheron und Dales-Pony.

Stockmaß

Hengst .... 132–148 cm

Stute .... 132–148 cm

Herkunft und Verbreitung

Die Rasse stammt aus dem Hochland und von den Inseln vor der Westküste Schottlands und hat sich vermutlich aus einem nordeuropäischen Pferd entwickelt. Sie findet sich in Europa, Nordamerika, Australien und Neuseeland.

Schottland

LEICHTER COB
STUTE

Den Cob – als Pferdetyp – gibt es schon seit Jahrhunderten. Er wird mit kurzbeinigen, stämmigen Pferden assoziiert, die in der Lage sind, Lasten zu tragen und auf Bauernhöfen zu arbeiten. Der moderne Cob hat sich nicht wesentlich verändert, ist aber in verschiedene Kategorien eingeteilt worden: leichter Cob, schwerer Cob und Maxi-Cob. Diese Einteilung ergibt sich aus der Pferdegröße und dem Gewicht, das sie tragen können.

Merkmale

Der Leichte Cob hat starke, stämmige Beine. Eine kräftige Hinterhand gehört zu den Merkmalen dieses Typs, der Kopf sollte Intelligenz und Einfühlungsvermögen zeigen. Er sollte bis zu 89 Kilogramm tragen können.

Nutzung

Der Cob war ein vielseitiges Pferd, dafür geeignet, die Hofarbeit zu verrichten, den Marktkarren zu ziehen und die Familie auf eine Landpartie mitzunehmen. Er wurde als Jagdpferd geschätzt und tat in Kriegsjahren treue Dienste. Heutzutage ist der Leichte Cob ein Schaupferd, er springt gut und gilt als ideales Freizeitpferd.

Verwandte Rassen

Der Cob zählt zu den ansprechendsten Pferdetypen, ist aber keine eigene Rasse. Er kann aus fast jeder Rasse gezüchtet werden, außer beispielsweise Araber und Vollblut.

Stockmaß

Hengst .... 148–155 cm
Stute .... 148–155 cm

Herkunft und Verbreitung

Der Cob stammt von den Kaltblütern ab, die in Nordeuropa als Zugpferde hauptsächlich auf den Höfen eingesetzt wurden. Er ist heutzutage weit verbreitet und nicht nur auf Tierschauen, sondern auch in den Gegenden auf kleineren Höfen zu finden, in denen man noch auf Pferdestärke setzt.

Nordeuropa

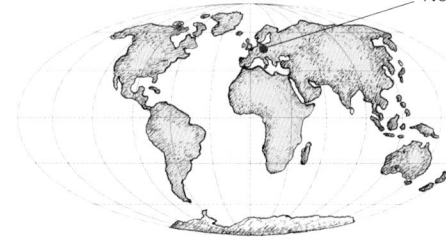

PINTO

WALLACH

Für dieses aktive Pferd oder Pony ist charakteristisch, dass das Fell zwei- oder mehrfarbig gescheckt ist, darunter weiß. Der Pinto wird in Großbritannien immer mit ungeflochtener Mähne und Schweif gezeigt, und selbst wenn sie gestutzt sind, behält er doch seine natürlichen Merkmale. Als gescheckte Pferde und Ponys in den 1980er Jahren immer beliebter wurden, unterteilten die Verbände die Gruppen, um zu erleichtern, dass man einheitliche Standards erhielt.

Merkmale

Weltweit stammen sie von verschiedenen heimischen Rassen, dementsprechend sind sie sehr widerstandsfähig. Anders als beim Tinker darf der variable Behang an den Beinen nicht am Sprunggelenk beginnen. Pintos sind sehr unterschiedlich groß.

Nutzung

Da heimische Pintos unterschiedlich groß sind, werden sie in allen Bereichen genutzt: als Freizeitpferd, beim Springen und in der Vielseitigkeit, beim Westernreiten und als Hingucker auf Pferde- und Ponyschauen.

Verwandte Rassen

Jede heimische Rasse kann Grundlage für diese Ponys oder Pferde sein, obwohl sie kein heimisches Blut zeigen müssen, solange sie farblich im Standard bleiben. Ihr Ursprung muss nicht bekannt sein.

Stockmaß

Pony .... bis 148 cm

Pferd .... über 148 cm

Jedes Stockmaß, je nach Einsatzzweck von Pony und Pferd unterschiedlich.

Herkunft und Verbreitung

Pintos werden als Typ vom jeweiligen Verband anerkannt. Weltweit haben die Länder ihre eigenen Varianten.

Nordeuropa

LIPIZZANER

HENGST

Lipizzaner als älteste Kulturpferderasse Europas sind benannt nach dem Gestüt Lipica, das die Rasse bereits im 16. Jahrhundert unter der Herrschaft der Österreich-Ungarischen Monarchie als Kutsch- und Paradepferde mit hoher Knieaktion für den Wiener Hof züchtete. Heute sind Lipizzaner vor allem durch ihren Einsatz in der Spanischen Hofreitschule in Wien bekannt.

Merkmale

Lipizzaner zeichnen sich durch eine edle Erscheinung mit muskulösem Hals und Rücken, kräftigen Gliedmaßen und einer breiten Brust aus. Der trockene Kopf mit ausdrucksstarken Augen neigt zu konvexem Profil. Fast immer sind Lipizzaner Schimmel, selten Braune, Füchse oder Rappen.

Nutzung

Obwohl ursprünglich als Paradepferde gezüchtet, wurden Lipizzaner seit dem 18. Jahrhundert zunehmend in der Kavallerie eingesetzt. Mitte des 19. Jahrhunderts erlangten sie als ausdauernde Wirtschaftspferde Bedeutung. Besonderes Talent beweisen Lipizzaner für die Hohe Schule der Dressur, sie sind aber auch vor der Kutsche oder als Freizeitpferde beliebt.

Verwandte Rassen

Als direkte Vorfahren des Lipizzaners gelten die spanischen Pferde der Pura Raza Española, der italienische Neapolitaner, das arabische Vollblut sowie das slowenische Karstpferd.

Stockmaß

Stute...............150–160 cm

Hengst...........150–160 cm

Herkunft und Verbreitung

Der Ursprung der Rasse kann auf das Jahr 1580 datiert werden, als Erzherzog Karl von Habsburg neun Hengste und 24 Stuten von der Iberischen Halbinsel für das Gestüt Lipica importierte. Im Ersten Weltkrieg musste das Gestüt evakuiert und die Stammzucht ins österreichische Piber verlegt werden.

Slowenien

PURA RAZA ESPAÑOLA (PRE)

HENGST

Die aus Spanien stammende Rasse ist auch in Deutschland sehr beliebt. Eine der züchterischen Hochburgen der auch unter dem Begriff „Iberisches Pferd" bekannten Rasse ist die Region Andalusien, weshalb die PRE auch oft schlicht und nicht immer korrekt „Andalusier" genannt werden.

Merkmale

Am häufigsten sind Schimmel, aber auch Braune, Dunkelbraune und Füchse, die erst seit 2003 zur Zucht zugelassen sind, kommen vor, Schecken allerdings werden nicht anerkannt. Wert gelegt wird auf eine lange Mähne und einen üppigen Schweif. Aufgrund ihres Körperbaues mit in der Regel starkem Hals zählt man die Pferde der Pura Raza Española zu den sogenannten barocken Pferderassen.

Nutzung

Pferde dieser Rasse sind schon aufgrund ihres Charakters, ihrer großen Versammlungsbereitschaft und ihrer kadenzierten Gänge hervorragend für die Dressur geeignet. Sie werden in der Hohen Schule ebenso eingesetzt wie im internationalen Dressursport, aber auch im Stierkampf und bei der Arbeit mit Rindern.

Verwandte Rassen

Spanische Pferde wurden in ganz Europa in massigere Schläge eingekreuzt. Sie sollen unter anderem an der Entstehung von Lipizzanern, Kladrubern und Neapolitanern sowie des Englischen Vollbluts beteiligt gewesen sein.

Stockmaß

Hengst ....150–162 cm
Stute ....150–162 cm

Herkunft und Verbreitung

Erst seit 1912 gibt es ein Zuchtbuch für die Pferde der Iberischen Halbinsel, zu denen auch die Andalusier und die Lusitanos gehören. Die Zucht des PRE wird sehr streng gehandhabt, das Stutbuch führt das spanische Verteidigungsministerium.

Spanien

RHEINISCH-DEUTSCHES KALTBLUT

HENGST

Pferde dieser Rasse waren in den 30er Jahren des 20. Jahrhunderts in Deutschland am stärksten verbreitet. Mit der zunehmenden Mechanisierung allerdings verlor das RHEINISCH-DEUTSCHE KALTBLUT zunehmend an Bedeutung. Heute zählt es zu den gefährdeten einheimischen Nutztierrassen Deutschlands.

Merkmale

Der Rheinisch-Deutsche Kaltblüter, der fälschlich oft als Rheinisch-Westfälisches Kaltblut bezeichnet wird, ist ein mittelschwerer Kaltblüter mit gut bemuskelter Kruppe, trockenem Fundament, kräftigem Langhaar, Doppelmähne und Fesselbehang. Er zählt zu den gefährdeten einheimischen Nutztierrassen Deutschlands. Rheinisch-Deutsche Kaltblüter gibt es als Braune, Füchse sowie als Rapp-, Braun- und Fuchsschimmel.

Nutzung

Genutzt werden Pferde dieser Rasse auch heute noch als Zug- und Arbeitspferde vor allem in der Land- und Forstwirtschaft.

Verwandte Rassen

Aufgrund seiner Historie ist das Rheinisch-Deutsche Kaltblut eng mit dem Ardenner, einer der ältesten Pferderassen Frankreichs, und dem Brabanter verwandt.

Stockmaß

Hengst............158–170 cm
Stute...............158–170 cm

Herkunft und Verbreitung

Ab Mitte des 19. Jahrhunderts wurden in der bäuerlichen Zucht vermehrt Ardenner eingesetzt – eine Entwicklung, der mit etwas Verzögerung auch die preußische Gestütsverwaltung Rechnung trug, indem die Warmblutzucht im Landgestüt Wickrath eingestellt wurde.

Deutschland (Nordrhein-Westfalen)

FRIESE

WALLACH

FRIESEN gehören zu den ältesten Pferde-rassen auf der Welt. Sie sind stolze Tiere mit gebogenem Hals und üppiger Mähne. Sie wurden mit den Pferden der Kreuzfahrer und spanischen Pferden gekreuzt, aber auch eingesetzt, um Kriegspferde zu erhalten, die viel Gewicht tragen konnten. Friesen sind immer Rappen, erlaubt ist nur ein kleiner weißer Stern.

Merkmale

Der längliche Kopf mit den typischen kleinen Ohren und dem intelligenten Blick sitzt hoch auf einem kompakten und kräftigen Körper. Die Beine sind kräftig und stämmig und der ausgeprägte Kötenbehang wird niemals gekürzt. Im Trab erreichen Friesen eine beachtliche Geschwindigkeit. Ihr Gesamteindruck ist geprägt von beeindruckender Stärke.

Nutzung

Friesen waren vor allem Zugpferde, die auf Bauernhöfen einge-setzt wurden. Bei Trabrennen waren sie beliebt, allerdings nahezu ausgestorben, bevor sie Mitte des 20. Jahrhundert einen erneuten Aufschwung erlebten. Die Tiere sind sehr stark, haben aber ein ruhiges Temperament. Im Allgemeinen sind sie gute Allrounder.

Verwandte Rassen

Da die Rasse schon sehr alt ist, hat sie eine Reihe anderer Rassen beeinflusst. Nachgewiesen sind in dieser Hinsicht beispielsweise Shire, Fell, Dales, Welsh Cob und Oldenburg.

Stockmaß

Hengst .... 153–163 cm
Stute .... 153–163 cm

Herkunft und Verbreitung

Knochen eines Pferdes von diesem Typ wurden im nieder-ländischen Friesland gefunden und man geht davon aus, dass Friesen von einem schweren Kaltblutpferd abstammen, das die Einzeit überlebte. Heutzutage sind sie weltweit zu finden.

Niederlande

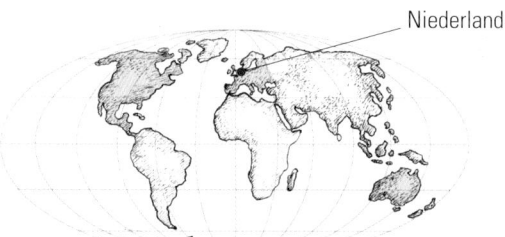

HAFLINGER

WALLACH

Haflinger sind unverkennbar: eine markante Rasse mit wallender flachsfarbener Mähne und Schweif. Sie sind Arbeitsponys, sehr gesund und bekannt für ihr langes Leben: Angeblich können sie arbeiten, bis sie etwa 30 Jahre alt sind. Benannt sind sie nach dem Dorf Hafling in den österreichischen Bergen, wo sie ziemlich isoliert blieben.

Merkmale

Ein echtes Pony mit einem kräftigen Körper auf kurzen, starken Beinen. Aufgrund ihrer kraftvollen Hinterhand bewegen sie sich aber sehr aktiv. Der Kopf hat eine breite Stirn sowie große intelligente Augen und kleine Ohren. Die Farbgebung ist einheitlich: Es gibt nur Füchse, erlaubt sind weiße Abzeichen auf Gesicht und Beinen.

Nutzung

Haflinger wurden ursprünglich als Packponys und für die allgemeine Hofarbeit auf den steilen Hängen in Österreich verwendet. Heutzutage sind sie vielseitig, als Reitponys beliebt bei Jung und Alt. Zunehmend werden die aktiven, aber vernünftigen Ponys auch im Fahrsport eingesetzt.

Verwandte Rassen

Der Haflinger teilt möglicherweise den Genpool mit dem norwegischen Fjordpferd und anderen nordeuropäischen Ponys. Ferner zeigt er genetische Ähnlichkeiten mit dem Suffolk.

Stockmaß

Hengst............138–148 cm
Stute..............138–148 cm

Herkunft und Verbreitung

Haflinger stammen von robusten österreichischen Bergponys ab, wurden aber im 19. Jahrhundert mit arabischem Blut verbessert. Seit dem Zweiten Weltkrieg sind sie in ganz Europa, Nordamerika und seit Kurzem auch in Australien und Neuseeland beliebt.

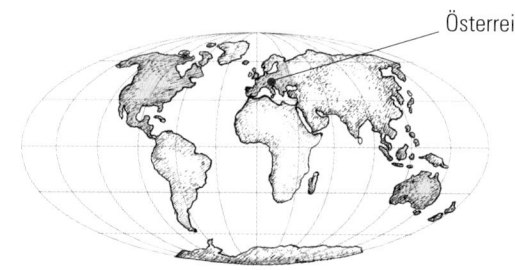

Österreich

WELSH-MOUNTAIN-PONY

HENGST

Liebhaber behaupten, das WELSH-MOUNTAIN-PONY, auch als Welsh Pony Sektion A bekannt, sei die hübscheste der einheimischen Ponyrassen. Bei den großen Augen und kleinen Ohren, der breiten Stirn und dem spitzen Maul ist leicht zu verstehen, warum sie dieser Meinung sind. Dazu kommen die beeindruckenden Fähigkeiten und das freundliche Wesen – alles in allem Topqualitäten.

Merkmale

Alle Grundfarben sind erlaubt; oft sind es Schimmel, aber auch Palominos, Füchse (häufig mit flachsfarbener Mähne und Schweif) und Rotbraune. Weiße Abzeichen auf Gesicht und Beinen sind gestattet. Welsh-Mountain-Ponys haben einen aktiven Trab. Kräftige, kurze Gliedmaßen tragen einen tiefen, dennoch athletischen Körper.

Nutzung

Die extreme Widerstandsfähigkeit und Trittsicherheit machten diese Tiere zu den perfekten Begleitern der Schafhirten. Heutzutage sind sie die Stars auf Schauen. Sie sind gute Allrounder für Kinder und haben ein ausgezeichnetes Springvermögen.

Verwandte Rassen

Vermutlich beeinflussten orientalische Rassen wie Araber, die mit den Römern nach Großbritannien kamen, diese einheimischen Bergponys. Das Welsh Mountain wurde seither eingesetzt, um das Britische Reitpony, das Pony of the Americas und das Australische Pony weiterzuentwickeln.

Stockmaß

Hengst ....122–127 cm
Stute ....122–127 cm

Herkunft und Verbreitung

Wie der Name schon sagt, ist die Heimat des Welsh-Mountain-Ponys Wales, aber es ist heute weltweit verbreitet.

Wales

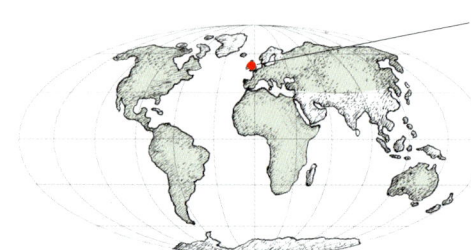

TINKER

WALLACH

Die auffälligen TINKER sind Nachfahren der Pferde der nichtsesshaften Bevölkerung in Großbritannien und Irland. Ihr starker Körper und ihre kräftigen Beine wurden gebraucht, um die großen und schweren Wohnwagen zu ziehen. Ihr ruhiges Naturell spiegelt wider, dass sie in enger Beziehung mit den Familien lebten und häufig von Kindern geritten und versorgt wurden.

Merkmale

Die Pferde sind häufig Schecken und haben naturgemäß dichtes Langhaar sowie viel Kötenbehang. Traditionell werden sie mit voller Mähne, Schweif und Behang gezeigt, heutzutage auch mit gestutzter Mähne und Behang (wie auf dem Foto zu sehen).

Nutzung

Das gutmütige Naturell des Tinkers, gepaart mit seiner Stärke, hat dazu geführt, dass er sich vom Pferd der fahrenden Leute zu einem allgemeiner verbreiteten Tier entwickelt hat, das als Reitpferd in allen Disziplinen genutzt wird. Aber er ist auch heute noch im Geschirr zu finden und ein guter Allrounder, ferner hat er seine eigenen Schauklassen und Verbände.

Verwandte Rassen

Niemand weiß, wie die Roma diese Pferde gezüchtet haben, aber man vermutet, dass Shire, Clydesdale, Dales und Fell daran beteiligt waren, in jüngerer Zeit auch Welsh Cob.

Stockmaß

Pony...............bis 148 cm
Pferd..............über 148 cm

Jedes Stockmaß, je nach Einsatzzweck von Pony und Pferd unterschiedlich.

Herkunft und Verbreitung

Die Pferde und Ponys werden weltweit geschätzt und sind in ganz Europa, Nordamerika, Kanada, Australien und Neuseeland zu finden.

Nordeuropa

TINKER vom traditionellen Schlag
WALLACH

Sie sind leicht zu erkennen: die Tinker vom traditionellen Schlag, die ursprünglich vom fahrenden Volk entwickelt wurden, um ihre Wohnwagen zu ziehen und bei den Familien zu leben. Im Ersten Weltkrieg konnten Pferde vom Militär „eingezogen" werden, aber Schecken waren nicht erwünscht, da man befürchtete, sie seien auf den Schlachtfeldern zu auffällig. Das führte dazu, dass man Schecken sehr gerne züchtete, da sie nicht beschlagnahmt wurden.

Merkmale
Tinker sind zweifarbig: entweder schwarz, braun oder fuchsfarben und weiß. Naturgemäß haben sie üppige Mähnen – die manchmal bis zum Boden reichen –, einen vollen Schweif und große Mengen von Kötenbehang an den Beinen.

Nutzung
Diese Tinker sind Allrounder mit gutmütigem Naturell. Sie sind oft im Geschirr zu sehen oder auf einer Tierschau, wo ihr Langhaar perfekt gestriegelt wird, um ihre Einzigartigkeit zu unterstreichen.

Verwandte Rassen
Die Roma machten keine Aufzeichnungen, aber man vermutet, dass Shire, Clydesdale, Dales und Fell an der Zucht beteiligt waren, in jüngerer Zeit auch Welsh Cob.

Stockmaß
Pony ....bis 148 cm
Pferd ....über 148 cm

Jedes Stockmaß, je nach Einsatzzweck von Pony und Pferd unterschiedlich.

Herkunft und Verbreitung
Die Ponys und Pferde gibt es schon seit mittelalterlichen Zeiten. Sie werden in ganz Europa, Nordamerika, Kanada, Australien und Neuseeland geschätzt.

Nordeuropa

WELSH-PONY Sektion B

STUTE

Das WELSH-PONY, auch Welsh Sektion B, ist ein elegantes und nützliches Reitpony für Kinder. Während es nach wie vor die markanten Ponymerkmale aufweist, hat das Blut von Arabern und Polo-Ponys zur Entwicklung der Größe beigetragen und den Körperbau verfeinert. So wurde auf die wachsende Nachfrage nach Kinderponys in den späten 1960er Jahren reagiert.

Merkmale

Jede Grundfarbe ist erlaubt, ebenso weiße Abzeichen auf Gesicht und Beinen. Sein Trab wirkt, als würde das Pony schweben. Ein eleganter, kleiner Kopf sitzt auf einem relativ langen Hals, und ein kurzer Rücken, eine breite Brust und eine geschwungene Schulter tragen zu seiner athletischen Erscheinung bei.

Nutzung

Das Welsh-Pony beeindruckt bei Championaten und wird oft von Jugendlichen bei Springreiten und Dressur eingesetzt. Da es sehr vielseitig ist, ist es ein ausgezeichnetes Ponyclub-Pony. Seine Bewegungen und seine Eleganz machen aus ihm ein Naturtalent bei Vorführungen. Ferner ist es auch ein gutes Kutschpony.

Verwandte Rassen

Das Welsh-Pony wurde mithilfe von Arabern, Vollblütern und Polo-Ponys aus dem Welsh-Mountain-Pony entwickelt, ist heute aber standardisiert. Es spielte eine entscheidende Rolle bei der Herausbildung des Britischen Reitponys und hat auch das Pony of the Americas und das Welara-Pony beeinflusst.

Stockmaß

Hengst ....bis 138 cm
Stute ....bis 138 cm

Herkunft und Verbreitung

Das ursprüngliche Welsh-Pony war ein Pony der Schafhüter. Das moderne Pony ist in seiner Heimat Wales noch stets äußerst beliebt, inzwischen aber auch weltweit zu finden.

Wales

SHETLAND-PONY

HENGST

Für seine Größe ist das robuste, kleine SHETLAND-PONY ungeheuer kräftig. Es lebte ursprünglich in der wilden, rauen Umgebung der Shetlandinseln im Norden von Schottland. Dort musste es sich an die unwirtlichen Bedingungen anpassen, um überleben zu können. Heute ist es auf der ganzen Welt ein äußerst beliebtes Kinderpony.

Merkmale

Alle Farben – auch Schecken, jedoch keine Tigerschecken – sind erlaubt. Das Shetland-Pony hat kurze, kräftige Beine und einen rundlichen Körper, kleine Ohren sowie üppiges Langhaar. Es bewegt sich geradlinig und trittsicher, wie es in seiner Heimat notwendig ist.

Nutzung

In der Vergangenheit spielte das Shetland-Pony eine entscheidende Rolle bei der Arbeit auf den Äckern, ferner wurde es zum Transport von Torf genutzt. Später setzte man es aufgrund seiner geringen Größe als Grubenpony in den Kohlebergwerken ein. Heutzutage erfreut es sich als erstes Kinderpony großer Beliebtheit. Außerdem wird es immer öfter als Kutschpony bei Hindernisrennen im Scurry Driving verwendet.

Verwandte Rassen

Auf den entlegenen Inseln seiner Heimat blieb das Shetland-Pony isoliert von allen Einflüssen, aber vermutlich hat es ähnliche Vorfahren wie andere nordeuropäische Ponys.

Stockmaß

Hengst ....bis 107 cm
Stute ....bis 107 cm

Herkunft und Verbreitung

Seit der Bronzezeit haben kleine Ponys auf den Shetlandinseln gelebt. Vielleicht stammen sie vom Tundrenpony und dem südeuropäischen Bergpony ab – mit dem Einfluss von nordischen Besuchern. Heutzutage sind sie weltweit zu finden.

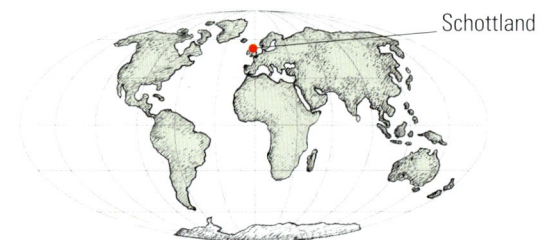

Schottland

SCHWARZWÄLDER FUCHS

HENGST

Der SCHWARZWÄLDER FUCHS, auch Schwarzwälder Kaltblut oder Wälderpferd genannt, gehört zu den gefährdeten einheimischen Nutztierrassen Deutschlands. Dass die Rasse heute noch existiert, verdankt sie wohl der Sturheit ihrer Züchter, die sich gegen die vor mehr als 100 Jahren gewünschte Einkreuzung schwerer Kaltblutrassen zur Wehr setzten.

Merkmale

Schwarzwälder Füchse sind in der Regel Dunkelfüchse mit heller Mähne, aber auch Braune und Rappen kommen vor. Das Gewicht beträgt ca. 700 Kilogramm, womit die genügsamen und gutmütigen Schwarzwälder Füchse unter den Kaltblütern zu den Leichtgewichten gehören. In den letzten Jahrzehnten wurde, der zunehmenden Beliebtheit als Reitpferd Rechnung tragend, das gewünschte Stockmaß nach oben korrigiert.

Nutzung

Auch heute noch werden Schwarzwälder Füchse in der Waldarbeit eingesetzt, bei der Pferde weit weniger Schaden anrichten als schwere Maschinen. Die alte Pferderasse wurde ursprünglich speziell für diese Aufgabe gezüchtet, ist aber mittlerweile zunehmend auch als Fahr- und Freizeitreitpferd beliebt.

Verwandte Rassen

Aufgrund ihrer sehr regional begrenzten Verwendung und Zucht gibt es kaum Einflüsse auf Pferde anderer Rassen.

Stockmaß

Hengst............148–160 cm
Stute ....148–160 cm

Herkunft und Verbreitung

Ihren Anfang nahm die Zucht der Schwarzwälder Füchse vermutlich im Mittelalter. Ende des 19. Jahrhunderts wurde die Schwarzwälder Pferdezuchtgenossenschaft in St. Märgen gegründet. Heute stellt vor allem das baden-württembergische Staatsgestüt, das Haupt- und Landgestüt Marbach, Hengste für die Zucht zur Verfügung.

Deutschland (Schwarzwald)

WELSH COB

HENGST

Der Welsh Cob, auch Welsh Sektion D, ist ein kräftiges, kompaktes Pony mit der spektakulärsten Trabaktion aller Ponys – möglicherweise aller Pferde. Erreicht wird dies durch eine ausgezeichnete Winkelung in den Sprunggelenken. In dem walisischen Städtchen Aberaeron wurde 2005 die lebensgroße Statue eines Welsh-Cob-Hengstes errichtet, um die Bedeutung dieser Pferderasse für die Region hervorzuheben.

Merkmale

Jede Grundfarbe ist erlaubt. Weiße Abzeichen auf Kopf und Gliedmaßen werden akzeptiert – gerade auf Tierschauen sind weiße Füße geschätzt, da sie die Bewegungen hervorheben. Die Ponys haben kurze, kräftige Beine und eine große Hinterhand. Sie sind insgesamt kräftig gebaut und haben eine enorme Ausdauer.

Nutzung

Ursprünglich war der Welsh Cob das Arbeitspferd auf den kleinen Bauernhöfen, nahm aber auch an Trabrennen teil. Heutzutage ist der Cob ein hervorragendes Pony für erwachsene Reiter, da er in der Lage ist, auch ein größeres Gewicht zu tragen. Darüber hinaus ist er ein hervorragendes Spring- und Fahrpony.

Verwandte Rassen

Der Welsh Cob ähnelt genetisch vermutlich den Fell- und Dales-Ponys und hat arabischen und orientalischen Einfluss.

Stockmaß

Hengst .... über 137,2 cm
Stute .... über 137,2 cm

Herkunft und Verbreitung

Welsh Cobs stammen von der Westküste von Wales, wo sich eine Reihe berühmter Welsh-Cob-Gestüte befindet. Die Ponys sind heutzutage weltweit verbreitet.

Wales

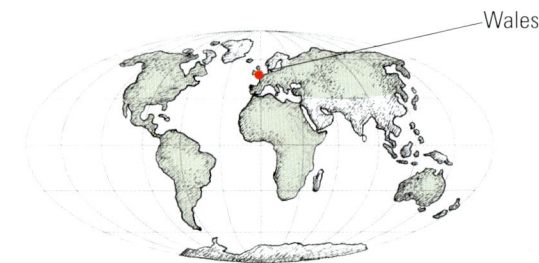

HANNOVERANER

STUTE

In Folge der Besteigung des britischen Throns durch Georg II., den Kurfürsten von Hannover, im 18. Jahrhundert entstand diese deutsche Pferderasse. Anfänglich dienten HANNOVERANER als Hof- und Reitpferde, durch den vermehrten Einsatz von Englischen Vollbluthengsten haben sie sich zu hervorragenden Sportpferden entwickelt.

Merkmale

Ein herausragendes Exterieur, gepaart mit athletischen Qualitäten ergeben ein edles Pferd mit starkem, tiefem Körper, geschwungenen Schultern und einem mittelgroßen Kopf. Alle Grundfarben sind erlaubt, man findet vornehmlich Braune und Füchse. Auf Schauen wird die Mähne geflochten und der Schweif entweder geflochten oder gestutzt.

Nutzung

Deutsche Reitpferde haben eine beeindruckende Zahl von Medaillengewinnern bei Olympischen Spielen in Dressur und Springreiten hervorgebracht und tun sich auch bei Vielseitigkeitsprüfungen hervor. Sie werden vor allem gezüchtet, um als Sportpferde auf Topniveau eingesetzt zu werden, sind aber auch sonst allseits beliebt.

Verwandte Rassen

Spanische, andalusische und Holsteiner Hengste spielten eine Rolle bei der Entwicklung dieser Rasse, im 18. Jahrhundert kamen Kutschpferde hinzu, nach dem Zweiten Weltkrieg Englisches Vollblut und Trakehner.

Stockmaß

Hengst ....158–171 cm
Stute ....158–171 cm

Herkunft und Verbreitung

Hannoveraner entstanden, als Georg II. 1735 das Landgestüt in Celle gründete und Holsteiner und Englisches Vollblut einsetzte. Heutzutage sind sie weltweit zu finden.

Deutschland

AMERICAN MINIATURE HORSE
HENGST

Das eine Merkmal, das alle verschiedenen MINIATURPFERDE teilen, ist ihre geringe Größe. Und obwohl sie sehr klein sind, müssen sie eher als Miniaturpferde denn als Ponys gelten, da ihre Gestalt und Proportion denen von Pferden entsprechen. Zunächst wurden in Europa und Südamerika verschiedene Typen entwickelt, heute gibt es engagierte Verbände in aller Welt.

Merkmale

Miniaturpferde gibt es in verschiedenen Typen, die ihre verschiedenen Ursprünge widerspiegeln: von stämmigen bis zu zarteren Tieren. Demzufolge zeigen sie auch die breite Vielfalt der Fellfarben: Alle Farben sind zugelassen. Da Miniaturpferde oft als „Spieltier" gehalten werden, sollten sie aufgeweckt, aber eher ruhig veranlagt sein.

Nutzung

Miniaturpferde wurden Mitte des 19. Jahrhunderts in Nordeuropa gelegentlich als Grubenpferde eingesetzt. Heute spielen sie eine wachsende Rolle bei der tiergestützten Therapie: Speziell ausgebildete Pferdchen unterstützen die Behandlung kranker Menschen.

Verwandte Rassen

Viele Rassen haben die unterschiedlichen Typen beeinflusst, darunter Shetland, Dartmoor, Pony of the Americas, Hackney und im Besonderen das Falabella-Miniaturpferd aus Argentinien.

Stockmaß

Hengst ....unter 86–97 cm
Stute ....unter 86–97 cm

Herkunft und Verbreitung

Miniaturpferde wurden erstmal um 1650 als Haustiere für die europäische Königsdynastie der Habsburg gezüchtet. Der Falabella, eine ausgeprägte Miniaturpferd-Rasse, wurde später in Argentinien entwickelt.

Argentinien — Nordeuropa

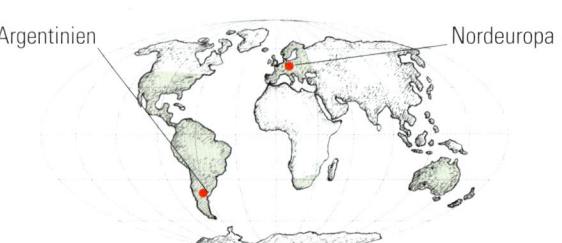

ISLANDPFERD

HENGST

Das Islandpferd, auch Islandpony oder kurz Isländer genannt, ist eine robuste Pferderasse. Von einigen speziellen Scheck-Zeichnungen abgesehen, gibt es Isländer in allen Fellfarben. Isländer sind Gangpferde, das heißt, sie können sich nicht nur in den Grundgangarten Schritt, Trab und Galopp bewegen wie die meisten Pferde, sondern außerdem im sogenannten Tölt, viele zudem auch in der Gangart Pass.

Merkmale

Viele Islandpferde stehen im Ponytyp, das Zuchtziel allerdings hat sich verändert: Ziel ist aktuell eher ein elegantes im Reitpferdetyp stehendes Tier mit dichter Mähne und vollem Schweif. In der Regel sind Islandpferde vergleichsweise langlebig, Pferde im Alter von mehr als 30 Jahren sind keine Seltenheit.

Nutzung

Isländer sind vielseitige Reitpferde für Freizeit und Sport, die nicht nur von Kindern, sondern auch von Erwachsenen geritten werden können. Allerdings sind nicht alle Isländer sogenannte Gewichtsträger. Für Islandpferde werden spezielle Turniere veranstaltet bis hin zu einer eigenen Weltmeisterschaft.

Verwandte Rassen

Aufgrund des Import-Verbots von 1909 gibt es auf Island als einzige Pferderasse Isländer. Zuvor wurden robuste Pferde anderer Rassen wie zum Beispiel Fjordpferde aus Norwegen eingeführt und mit den kleinen Pferden der Insel gekreuzt.

Stockmaß

Hengst ....130–150 cm

Stute ....130–150 cm

Herkunft und Verbreitung

Auch wenn im deutschsprachigen Raum die Zucht von Islandpferden weit verbreitet ist, werden nur solche Tiere als „Islandpferde" anerkannt, deren Abstammung lückenlos bis nach Island zurückzuverfolgen ist.

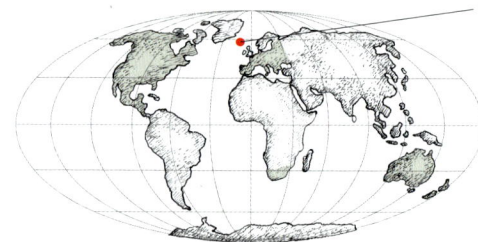

Island

BRITISCHES REITPONY
STUTE

Das BRITISCHE REITPONY ist ein sehr spezieller Ponytyp, der manchmal auch als Show Pony bezeichnet wird. Damit verweist man auf seine Extravaganz, seine außergewöhnlichen Aktionen und seinen hübschen Kopf. Trotz seiner Starqualitäten sollte es auch vorbildliche Manieren haben, damit es als Reitpony für Kinder geeignet ist. Es wurde entwickelt, um die wachsende Nachfrage nach qualitätvollen Ponys für Kinder in den 1920er und 1930 Jahren zu befriedigen.

Merkmale
Seine geschwungenen Schultern erlauben fließende Bewegungen, es hat zudem einen kompakten Körper mit breiter Brust. Der hübsche Kopf sitzt hoch auf einem relativ langen Hals.

Nutzung
Britische Reitponys sind echte Turnierponys, die von Kindern und Jugendlichen im Sattel vorgestellt werden. Üblicherweise werden dafür Mähne und Schweif geflochten (der Schweif evtl. gestutzt), das Zaumzeug wird mit einem farbenfrohen Stirnriemen geschmückt. Reitponys sind für Springen, Dressur und Vielseitigkeitsprüfungen geeignet.

Verwandte Rassen
Heimische Ponys – im Besonderen Welsh und in gewissem Ausmaß Dartmoor – waren die Grundlage für Britische Reitponys und diese Rassen wurden mit kleinen Vollblütern und Arabern (inklusive Polo-Ponys) gekreuzt.

Stockmaß
In drei Gruppen eingeteilt:

bis 127 cm
127–138 cm
138–148 cm

Herkunft und Verbreitung
Das Britische Reitpony wurde ursprünglich aus heimischen Rassen entwickelt und ist heutzutage eine Rasse mit eigenem Stutbuch, die in alle Welt exportiert worden ist.

Großbritannien

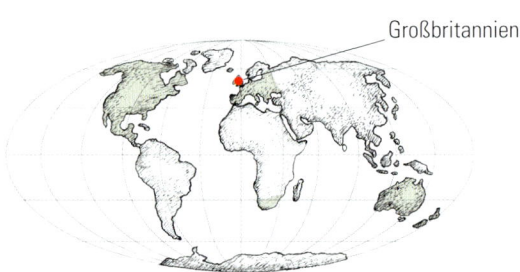

WELSH COB

WALLACH

Der WELSH COB, auch Welsh Sektion D, ist bekannt für seine legendäre, kraftvolle Trabaktion. Man erkennt ihn sofort an seinem typischen kleinen Ponykopf, den kleinen Ohren und den großen freundlichen Augen. Der Gesamteindruck ist der einer kontrollierten Energie, gemischt mit Esprit und Kraft.

Merkmale

Oftmals in kräftigen Grundfarben wie Rappe oder Fuchs, alle Grundfarben sind zugelassen. Weiße Füße sind sehr begehrt für Auftritte, da sie die extravaganten Bewegungen hervorheben. Eine kräftige Hinterhand mit Sprunggelenken, die eine ausgezeichnete Winkelung zulassen, ermöglicht diese außergewöhnliche Aktion. Mähne und Schweif bleiben meist offen.

Nutzung

Trabrennen und die Arbeit auf den Bauernhöfen waren die Aufgaben, die der Welsh Cob vor nicht allzu lange Zeit erledigen musste. Heutzutage stehen Stärke, Vielseitigkeit und Widerstandsfähigkeit im Mittelpunkt der Zucht. Er ist bei Jung und Alt ein beliebtes Pferd für alle Pferdesportarten.

Verwandte Rassen

Der Welsh Cob ähnelt genetisch vermutlich dem Fell- und dem Dales-Pony und hat arabischen und orientalischen Einfluss. Ferner ist er mit dem heute ausgestorbenen Norfolk Roadster verwandt.

Stockmaß

Hengst ....über 137,2 cm

Stute ....über 137,2 cm

Herkunft und Verbreitung

Die Heimat des Welsh Cob liegt an der Westküste von Wales, aber er war auch in anderen Gegenden des Landes wie in Cardiganshire und Pembrokeshire bekannt. Heute findet man ihn weltweit.

Wales

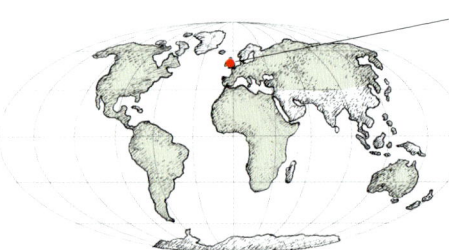

IRISH DRAUGHT

STUTE

Er ist weltweit bekannt für seine Ausdauer, sein Springvermögen und seine ordentlichen Gliedmaßen: der IRISH DRAUGHT, das Irische Zugpferd. Einst wurde die Rasse mit anderen Zugpferderassen gekreuzt, um ein Arbeitstier für die Landwirtschaft zu erhalten, heutzutage ist es eine eingetragene Rasse. Die Liebe zur Jagd hat für ihre gleichbleibende Beliebtheit gesorgt, gegenwärtig ist sie aber auch gut auf Tierschauen vertreten.

Merkmale

Der muskulöse Körper, der breite Brustkorb und die kräftige Hinterhand sitzen auf starken Gliedmaßen ohne Fesselbehang. Der Irish Draught hat einen hübschen Kopf und wirkt intelligent. Seine Aktion sollte frei und weich sein. Alle Grundfarben sind zugelassen, auch Schimmel.

Nutzung

Der Irish Draught war ursprünglich Teil des irischen Hoflebens als leichtes Zugpferd. Er wurde für die Jagd weiterentwickelt, später wurde er zum beliebten und erstklassigen Springpferd. Heutzutage ist er ein ausgezeichneter Allrounder.

Verwandte Rassen

Heimische irische Rassen, gekreuzt mit spanischem Blut, waren die Grundlage für dieses Pferd, aber Clydesdales und andere Zugpferderassen waren ebenso beteiligt. Vollblüter wurden eingesetzt, um die Rasse zu verbessern.

Stockmaß

Hengst ....160–170 cm

Stute ....155–165 cm

Herkunft und Verbreitung

Vermutlich lässt sich die Rasse bis in die Zeit der Normannen zurückverfolgen, die im 11. Jahrhundert ihre Pferde mit heimischen irischen Ponys kreuzten. Heutzutage ist sie weltweit verbreitet.

Irland

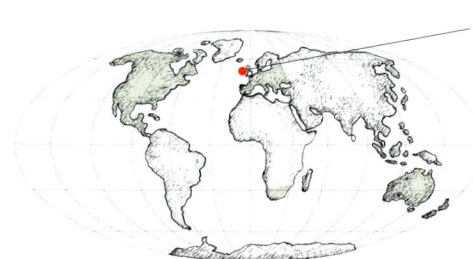

EXMOOR-PONY

WALLACH

Das EXMOOR-PONY ist einzigartig, weil es seit vorrömischen Zeiten unverändert ist. Die Rauheit und Abgeschiedenheit des Exmoors, eines hoch gelegenen Heidemoors im Nordosten der englischen Grafschaft Devon, wo die Ponys noch heute frei herumlaufen, haben dazu geführt, dass dies die älteste heimische Rasse ist.

Merkmale

Das Exmoor-Pony ist überaus widerstandsfähig, es hat durchweg etwas vorstehende „Kröten"-Augen und ein mehlfarbenes Maul. Seine Farben sind Dunkelbraune oder Falben mit schwarzen Beinen, es darf nirgendwo weiße Abzeichen haben. Trotz seiner kurzen Beine ist es trittsicher und äußerst kräftig.

Nutzung

Früher wurde es von Bauern und Schafhirten im Exmoor genutzt, außerdem ritt man auf ihm, um das Rotwild zu jagen, das dort umherstreift. Heutzutage überzeugen vor allem seine Stärke und sein eigenwilliger Charakter, auf diese Art ist es ein gutes Pony für Erwachsene und Kinder. Überdies ist es ein gutes Springpferd mit ungewöhnlicher Ausdauer.

Verwandte Rassen

Da das Exmoor-Pony aufgrund der Abgeschiedenheit reinrassig blieb, gehören zur Verwandtschaft vermutlich nordeuropäische Ponyrassen. Ähnlichkeiten bestehen auch mit dem Dartmoor, New Forest und Islandpferd.

Stockmaß

Hengst ....119–129 cm
Stute ....116,8–127 cm

Herkunft und Verbreitung

Vermutlich kam das Exmoor-Pony mit vorrömischen keltischen Siedlern, möglicherweise aber auch schon in der Bronzezeit. Heutzutage findet man es in Europa und Nordamerika.

England

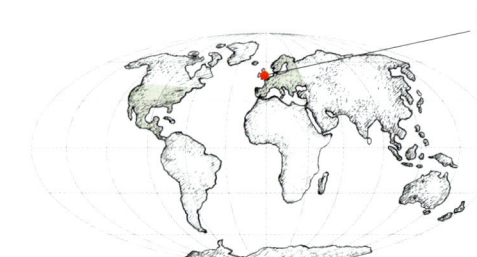

IRISCHES SPORTPFERD
WALLACH

Die wachsende Nachfrage nach Sport-pferden in den 1980er Jahren führte auch zum IRISCHEN SPORTPFERD. Sein ehr-licher Charakter, sein gutes Exterieur und seine Ausdauer machen es zum idealen Sportpferd – Irland ist bekannt dafür, dass es Spitzenturnierpferde hervorbringt.

Merkmale

Die Rasse kombiniert die Stärke, Ausdauer und den kräftigen Körper des Irish Draught mit der Geschwindigkeit und der Athletik des Vollbluts. Der Kopf des Irischen Sportpferds ist edel und attraktiv, manchmal etwas konvex, seine Bewegung geradlinig, frei und unaufgeregt.

Nutzung

Wie der Name schon verrät, ist dies ein Pferd, das für den Wettbewerb auf jedem Niveau gezüchtet wurde. Es hat ein außergewöhnliches Springvermögen, so ist es eine gute Wahl beim Springreiten und in der Vielseitigkeit. Es wird gerne als Jagdpferd eingesetzt, aufgrund seines Verstands und seiner Ausdauer auch als Polizeipferd. Da es kräftig genug ist, einen erwachsenen Reiter zu tragen, ist es ein allseits beliebtes Freizeitpferd.

Verwandte Rassen

Irish Draught, Vollblut und Connemara-Pony haben bei der Entwicklung dieses großen Athleten eine Rolle gespielt.

Stockmaß

Hengst ....155–170 cm
Stute ....155–170 cm

Herkunft und Verbreitung

Das Irische Sportpferd begann als Kreuzungsrasse, wird aber heute üblicherweise aus Pferden gezüchtet, die selbst als Irisches Sportpferd eingestuft werden. Aufgrund seiner Beliebtheit auf Turnieren findet man es nun weltweit.

Irland

COMTOIS

STUTE

Der Comtois ist ein gutmütiges Pferd, das noch stets zu Waldarbeiten herangezogen wird, wo Fahrzeuge keinen Zugang haben. In Frankreich, wo die Pferde im gebirgigen Jura an der Grenze zur Schweiz gezüchtet werden, sind sie sehr beliebt. Schon Ludwig XIV. und Napoleon setzten sie in Kavallerie und Artillerie ein.

Merkmale

Der Comtois ist ein kräftiges, mittelgroßes Zugpferd mit guter Tiefe und einem ziemlich großen Kopf mit intelligenten Augen und kleinen Ohren. Er ist eher stämmig, hat kurze, kraftvolle Beine und wenig Fesselbehang. Sein Fell zeigt verschiedene Schattierungen – vom Fuchs bis Rotbraun mit dichter Mähne und Schweif, die oftmals flachsfarben sind.

Nutzung

Beeindruckend ist der Comtois vor allem für seine Leistungen im Geschirr, aufgrund seiner geringen Farbvarianz ist es ideal, wenn die Tiere als Paar oder im Team eingesetzt werden. Die Rasse wird noch immer in Wäldern und Weinbergen verwendet, aber aufgrund der Größenvielfalt sind die Tiere auch als Reitpferde beliebt.

Verwandte Rassen

Im 19. Jahrhundert hatte ein Zuchtprogramm zur Folge, dass der Comtois mit anderen Zugpferdrassen wie Percheron und Normannen gepaart wurde. Im frühen 20. Jahrhundert wurden auch Ardenner in der Zucht eingesetzt.

Stockmaß

Hengst ....148–163 cm

Stute ....148–163 cm

Herkunft und Verbreitung

Man vermutet, dass die ursprünglichen Pferde im 4. Jahrhundert von Norddeutschland nach Frankreich kamen. Heute ist der Comtois nicht nur in Frankreich, sondern in ganz Europa beliebt.

Frankreich

BRITISH SPOTTED PONY
FOHLEN

Am Fellmuster – der Tigerung – erkennt man das BRITISH SPOTTED PONY immer, dadurch ist es sehr auffällig. Man vermutet, dass die Tupfen auf seinem Fell einst der Tarnung gedient haben könnten. Gemälde aus dem viktorianischen Zeitalter zeigen, dass getupfte Ponys auch zu jener Zeit schon beliebt waren.

Merkmale

Es gibt verschiedene Fellmuster, darunter Leopard (auf dem Foto zu sehen) und Schneeflocke (weiße Tupfen auf dunklem Fell). Alle Ponys müssen darüber hinaus folgende Merkmale (oder einige dieser Merkmale) aufweisen: weiße Umrandung am Auge, Tupfen an der Haut um die Lippen, das Mail und die Ohren und gestreifte Hufe. Sie haben eine gute Substanz und Knochen, die ihr einzigartiges Aussehen ergänzen.

Nutzung

Bei Tierschauen fällt das British Spotted Pony immer auf, aber darüber hinaus ist es auch ein nützliches Pony, das ein gutes Springvermögen hat und an nahezu allen Aktivitäten in Ponyclubs teilnehmen kann.

Verwandte Rassen

Es gibt Miniaturpferde mit Tigerzeichnung. Der dänische Knabstrupper und der Appaloosa sind andere getigerte Rassen, die ebenfalls verwandt sein könnten.

Stockmaß

Hengst ....82–148 cm

Stute ....82–148 cm

Herkunft und Verbreitung

Spotted Ponys gibt es schon seit Jahrhunderten und von König Edward I. von England wird berichtet, er habe 1298 einige getigerte Ponys gehalten. Heutzutage findet man das British Spotted Pony weltweit, darunter auf dem europäischen Festland, in Nordamerika und Australien.

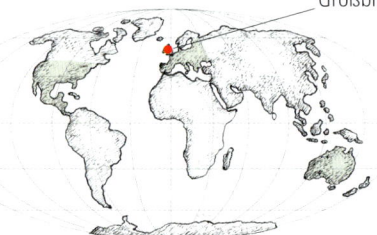

Großbritannien

KANADISCHER BELGIER

WALLACH

Dies ist ein sehr großes Pferd, bei dem ein Stockmaß über 193 cm nicht ungewöhnlich ist. Seine enorme Größe wurde als Antwort auf den Wunsch entwickelt, ein großes, schweres Tier zu erhalten. Der KANADISCHE BELGIER ist ein sehr kräftiges Zugpferd, das enorme Gewichte ziehen kann, aber ruhig genug ist, um im Team oder als Paar zu arbeiten, und sogar geritten werden kann.

Merkmale

Es gibt ausschließlich Füchse (auch mit Stichelhaar) mit flachsfarbener Mähne und Schweif. Der Kopf ist verhältnismäßig klein und sitzt auf einem dicken und muskulösen Hals über kräftigen Schultern. Sie haben eine große Hinterhand und ihre kurzen, kräftigen Beine zeigen geringe Mengen von Behang.

Nutzung

Diese Riesepferde wurden im späten 19. Jahrhundert aus ihrer Heimat Belgien in die USA und nach Kanada gebracht und halfen dort mit ihren Zugqualitäten, eine Industrie aufzubauen. Heutzutage brillieren sie auf Tierschauen.

Verwandte Rassen

Britische Rassen, Clydesdale und Shire, profitierten in einer fernen Vergangenheit von belgischen Kreuzungen.

Stockmaß

Hengst ....bis und über 193 cm
Stute ....bis und über 193 cm

Herkunft und Verbreitung

Der Erfolg der Belgier, ein superstarkes, schweres Pferd zu entwickeln, hat zu dem Export der Pferde nach Nordamerika geführt. Dort wurde diese etwas leichtere, langbeinigere Version entwickelt: der Kanadische Belgier. In Nordamerika ist dies das zahlenmäßig häufigste Zugpferd.

Belgien

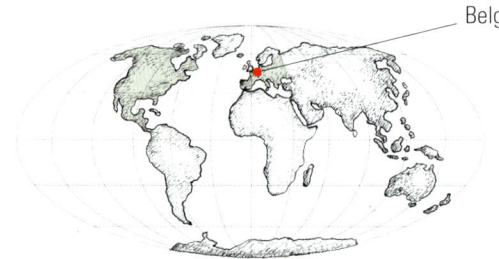

REPORTAGE

Die BEZIEHUNG zwischen Mensch und Pferd hat *einen langen Weg* hinter sich. Die Fotos, die hinter den Kulissen entstanden sind, bieten nur eine *Momentaufnahme* – von PERFEKT VORBEREITETEN Reitern und ihren Pferden. *Feuern Sie sie an,* wenn sie um die BESTEN PLATZIERUNGEN kämpfen.

Equifest,
East of England
Showground

Peterborough, Großbritannien

Für uns beide gilt: rechts,
links, rechts, links ...

showtime!

Konzentration! Das Leben ist kein Ponyhof.

Jetzt zeigen wir ihnen, was eine Harke ist!

Was halten Sie von meinem Pferdeschwanz?

Der Hut sitzt gut ...

Wir lassen uns nicht unterkriegen!

Heute sitzen wir alle
auf dem hohen Ross!

Hör auf herumzualbern!

Pferdepflege von Mähne bis Schweif: einschäumen, ausspülen, entwirren und flechten.

Jetzt geht's los!

Niemand gibt sich mit meinem Schwanz solche Mühe.

Der wahre Blick hinter die Kulissen ...

alles hängt vom Styling und vom Flechten ab.

... ein fliegender Start!

Die Meisterklasse im Springen ...

Sieg!
Eine tolle Teamleistung!

Beachten Sie auch meine
hübsch eingefetteten Hufe.

Vorsicht beim
Auskratzen der
Hufe. Ich hatte
eine Pediküre
erwartet!

Einem geschenkten Gaul schaut man nicht ins Maul!

Ungezügelte Liebe ...

Wir werden
auf jeden Fall
gewinnen!

Auf dem Rücken
der Pferde ...

Wollen wir ein Tänzchen wagen?

Das sieht eher wie ein ausgewachsener Tanz aus.

Die Spannung steigt ...
wer wird es am Ende
machen?

Die hängen wir sofort
an der Stalltür auf!

Möge das
beste Pferd gewinnen!
Ein wundervoller Tag
beim Equifest.

GLOSSAR

Barockpferde Pferde verschiedener Rassen mit einem verhältnismäßig kräftigen Körperbau, starkem Hals und eher kurzem Rücken, beispielsweise Pura Raza Española, Lippizaner und Friesen

Einheimische Rasse Pferde- oder Ponyrasse, die aus einem bestimmten Land kommt, also dort einheimisch ist, beispielsweise norwegische Fjordpferde oder britische Welsh-Ponys

Exterieur äußeres Erscheinungsbild des Pferdes. Das Ideal wird im Rassestandard festgelegt.

Fessel- oder Kötenbehang einige Pferderassen besitzen längeres Haar am Bein. Es kann unterschiedlich lang sein.

Gangarten es gibt drei Grundgangarten: Schritt, Trab und Galopp, dazu kommen beispielsweise Tölt und Pass bei den Gangpferden.

Gefährdete Nutztierrasse Pferde- oder Ponyrasse, deren Population unter eine Mindestbestandszahl gesunken ist und sich noch weiter verringert. Dabei gibt es verschiedene Gefährdungsstufen: Vorwarnstufe, gefährdet, stark gefährdet und extrem gefährdet. In Deutschland gehören zu den gefährdeten Rassen beispielsweise Schwarzwälder Kaltblut und Rheinisch-Deutsches Kaltblut.

Gewichtsträger Pferde, die aufgrund ihres Körperbaus in der Lage sind, auch schwerere Reiter zu tragen

Hack ein eleganter, eher auffälliger Pferdetyp (also keine Rasse), oftmals Vollblüter oder Anglo-Araber, der in Schauklassen vorgeführt wird

Hengst unkastriertes männliches Pferd

Hengstparade eine Vorführung von Hengsten, die einst speziell für Züchter gedacht war, inzwischen aber ein breites Publikum anzieht

Hunter ein Pferdetyp (also keine Pferderasse), die für die Jagd geeignet ist,

Kaltblut ein Begriff, der vor allem Zugpferde beschreibt, die für schwere Arbeiten eingesetzt werden, beispielsweise Shire, Rheinisch-Deutsches Kaltblut und Schwarzwälder Fuchs

Knieaktion hohes Anheben der Vorderbeine

Rassestandard Kriterien, die für eine bestimmte Rasse von den Zuchtverbänden festgelegt werden. Sie beschreiben das ideale Pferd oder Pony.

Schleife Ehrenzeichen für Gewinner und Platzierte, dabei sind die Farben in den einzelnen Ländern unterschiedlich: In Großbritannien erhält der Sieger eine rote Schleife, in den USA eine blaue, in Deutschland eine goldfarbene.

Stockmaß Begriff, um die Größe eines Pferdes oder Ponys anzugeben, die am Widerrist gemessen wird

Stute weibliches Pferd

Vollblut Pferd wie Englisches Vollblut, Araber und Anglo-Araber; damit verbundene Eigenschaften sind Schnelligkeit und Ausdauer

Wallach kastriertes männliches Pferd

Warmblut das klassische Sportpferd, wie es beispielsweise in Dressur- und Springwettbewerben eingesetzt wird

Widerrist Übergang vom Hals zum Rücken, hier wird bei Pferden die Größe (Stockmaß) gemessen

Zuchtrichter eine erfahrene Person, die von einem Zuchtverband ausgewählt wird, um Pferde und Ponys im Hinblick auf die Rassestandards einzuschätzen

DANKSAGUNG

Wir möchten uns bei Betsy Branyan, Jacqueline Hill and Emily Owen für die Hilfe bei den Fotoaufnahmen bedanken, ferner bei den folgenden Pferdebesitzern und -züchtern, die uns erlaubt haben, ihre Ponys und Pferde für dieses Buch zu fotografieren.

American Miniature Horse Kerry Boon
American Quarter Horse Caroline Hazell
Appaloosa Ami Dines
Araber Clair Cryer
Britisches Reitpony Jenna Tate
British Spotted Pony Carolyn Furnel
Cleveland Bay Pamela Shipley
Clydesdale Andrew Fryer
Comtois Emma Bailey
Connemara Laura Sheffield
Dales Denise Macleod
Dartmoor Tania Mizzi
Englisches Vollblut Donna Bamonte
Exmoor Annette Perry
Friese Sam Willimont
Haflinger Sarah Hodges
Hannoveraner Ginny Rusher
Highland Jane Murray
Irisches Sportpferd Cerys Ford
Irish Draught Katie Garrity
Kanadischer Belgier David Mouland
Leichter Cob Sam Cook
Morgan Mrs T Reeve
New Forest Jane Walker
Pinto Pat Hart
Shetland Victoria Wakefield und Claire Thompson
Shire Jodie Locke
Suffolk Glen Cass
Tinker Rebecca Williamson und Colin Deane
Welsh Cob/Welsh Sektion D Georgina Wilkes und Richard Albon
Welsh-Mountain-Pony/Welsh Sektion A Carol Simmons
Welsh-Pony/Welsh Sektion B Gareth Roberts

PFERDESPORT- UND ZUCHTVERANSTALTUNGEN

DEUTSCHLAND

Wiesbaden, Aachen, Warendorf, Neumünster, Dortmund

GROSSBRITANNIEN UND IRLAND

Royal Windsor Horse Show, Royal International Horse Show, Equifest Peterborough, Dublin Horse Show, London International Horse Show

ÜBRIGES EUROPA

Lausanne (Schweiz), Herning (Dänemark), 's-Hertogenbosch (Niederlande), Malmö, Göteborg (Schweden) und Fontainebleau (Frankreich)

VERBÄNDE

Deutsche Reiterliche Vereinigung e.V.
Freiherr-von-Langen-Straße 13, 48231 Warendorf
Tel.: +49 (0)2581 6362-0, www.pferd-aktuell.de

European Equestrian Federation (EEF)
Av. Houba de Strooper 156, 1020 Brüssel, Belgien
Tel.: +32 (0)2 478 5056, www.euroequestrian.eu

Fédération Equestre Internationale
HM King Hussein I Building
Chemin de la Joliette 8, 1006 Lausanne, Schweiz
Tel.: +41 (0)21 3104747, www.fei.org

INDEX

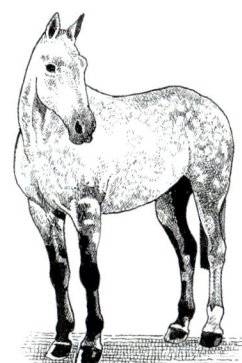

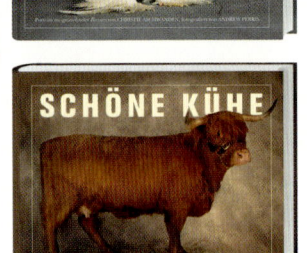